Hi-Fi
High-End音响设计史

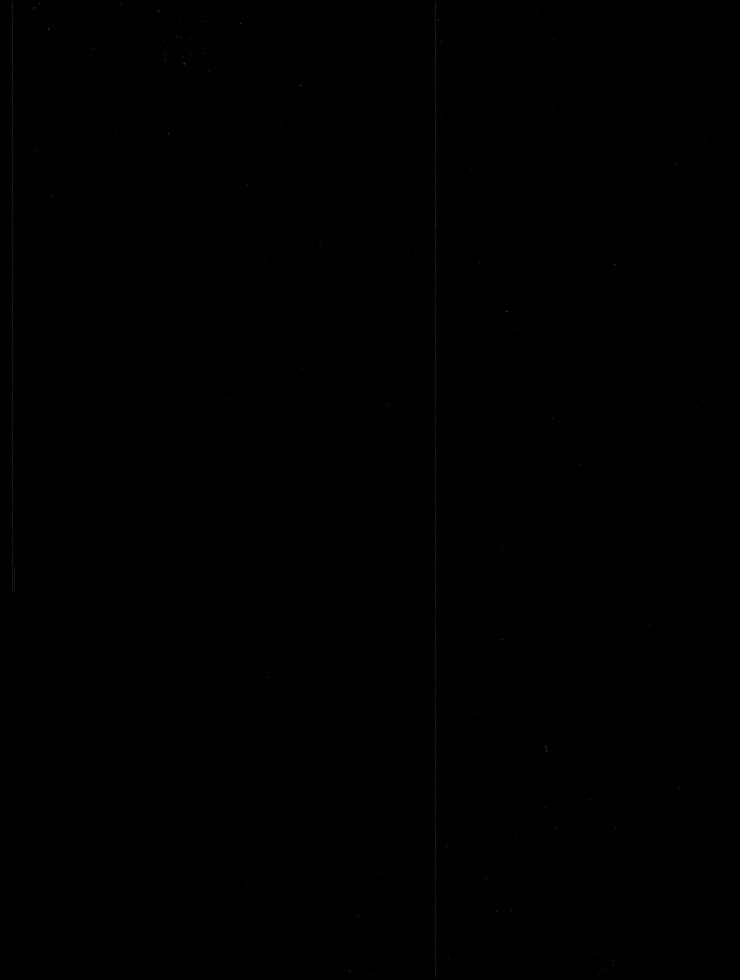

Hi-Fi
High-End音响设计史

[美]吉迪恩·施瓦茨（Gideon Schwartz）　著

王经源　译

人民邮电出版社

北京

我们很容易会将立体声音响贬抑成一种庸俗的功利主义机器，和那些因工业化和市场化需要而推广的器具归为一类，譬如洗碗机，它有非常明确的用途，却没有其他诱人之处，尽管现在也有一些型号追求考究的外观设计。从这种注重功能的角度看，立体声音响不就是一种重播声音的设备吗？它真的值得高尚的艺术化描述吗？抑或，就此而言，值得专门以此为主题写一本书吗？

为了回答这个问题，让我们来看一张史蒂夫·乔布斯的照片，那是1982年，《时代》（Time）杂志摄影师戴安娜·沃尔克在乔布斯位于加利福尼亚州林畔（Wood-side）的家中拍摄。照片中，他坐在木质地板上，在近乎空空荡荡的房间里，只有他那极其高端的立体声音响和唱片陪伴着。这是一张美丽的，近乎禅意的影像，因为它还表达了画面中没有呈现的东西。你会注意到，除了一盏明灯，照片中并没有家具——椅子、桌子和橱柜的存在，一切都是关于人与Hi-Fi。[①]

像这样的照片让我们得以重新评估生活中哪些事物是可有可无的，哪些又是不可或缺的。是乔布斯的灵感受到极简主义美学的激发，还是存在比画面所传达的更为深层次的东西？这张照片中，最显而易见的是两个共生且交织在一起的优先事项：音乐及其代表——立体声音响。

但在乔布斯身后的并不是什么普普通通的立体声音响，它是一套最高级别的设备，限量制作，以满足那些寻求一种与录音室以及艺术家更为紧密的联系的人们，这就是High-End(高端的)Hi-Fi(高保真)音响：一种超乎想象却又得以完全实现的努力。

乔布斯的音箱来自佛罗里达一家名为Acoustat的公司，这家公司专门从事静电平板设计——一种非常动人的设计，因为它们从静电荷产生声音，而不用什么低音扬声器或高音扬声器。令人惊奇的是，声音是从没有活动部件的、几乎不可见的平板发出的。

将时间再往前推25年到1957年，当时英国公司Quad(那时叫作声学制造公司，Acoustical Manufacturing Company)发布了第一款全频静电音箱，恰如其分地命名为Quad ESL（后来被称为Quad ESL-57）。它是由大卫·威廉姆森（David Williamson）和公司创始人彼得·沃克（Peter Walker）一起设计的，基于爱德华·凯洛格（Edward Kellogg）在1934年为通用电气公司提供的一项专利概念蓝图[②]。这个设计非常具有时代特色：木质、略微弯曲的垂直轴线，冲孔的金属面罩，对，就是那个年代的。至今，ESL-57凭借前所未有的保真度被誉为一种超凡脱俗的音乐艺术译码器，60多年来一直得到音乐爱好者们的苦心修缮和珍藏。

因此，High-End音响超越了实用性的职责，并且包含了特别的考量。它是灯光、按钮和刻度盘的组合，它们共同协作，传达了尼娜·西蒙妮(Nina Simone)声音中的哀伤，乔尔·托马斯·齐默曼（Deadmau5）音轨里的深度恍惚电脉冲，或者伊扎克·帕尔曼（Itzhak Perlman）小提琴上的精致音调。

我写下这本书是献给这些超凡机器的礼赞，同时也是向它们夺目的工业设计、美妙的声音，以及它们的杰出设计师的灵感致敬。

① 不幸的是，这张图片的许可不再有效，但是读者可自行搜索。
② Steve Guttenberg,"Quad ESL-57 Electrostatic Speaker", Sound & Vision, October 1, 2012.

"我认为哪个是我最伟大的发明？……我最喜欢留声机。"
——托马斯·爱迪生，1921年

如今，设想一个没有音响的世界，那里没有任何一个可以重放音乐的设备，这几乎是不可能的。想象一下，U2乐队在1987年演唱了划时代的《Joshua Tree》专辑，却没有任何设备可以录制或播放；波诺的声音在声波消散后就永远地消失无踪了；披头士乐队、比莉·哈乐黛（爵士乐名人）、Run-DMC或者任何别的人亦如是。其实就在不久以前，这就是这个世界的存在方式。在音响设备发明之前，音乐或者是美丽的，或者是悲剧性的短暂，就看你怎么认为。这种状态自然也给观看现场表演增添了额外的动力，但是听众只能在听到时享受它，因为每次演出都是一次性的、转瞬即逝的体验。

因而，难怪对于托马斯·爱迪生这样的发明家来说，捕获声音，尤其是音乐的声音，会成为毕生的目标和激情所在。1921年，爱迪生在接受*American*杂志采访时，甚至将留声机称为他全部发明中的最爱。

> 毫无疑问，这是因为我喜爱音乐，然后，它给全国数以百万计的家庭，其实也是全世界的家庭，带来了这么多的欢乐。音乐对人类的思想如此有益，所以它自然成为我满足感的源泉，因为在某种意义上，我让数以百万计的人可以听到最好的音乐，他们本来可能负担不起聆听最伟大的艺术家歌唱和演奏所必需付出的费用和时间。[1]

当然，通过机器来录制保存并传播音乐艺术的概念并不为爱迪生一个人所独有，虽然他无疑是音响的杰出领头人，但是还有许多不那么著名的人，他们在音响发展史上所取得的巨大成就，影响了我们今天聆听录音的方式。

让我们从法国发明家克莱门特·阿德（Clément Ader）开始，他在立体声重放的发展中居于重要地位，在某种程度上，他甚至比爱迪生更有先见之明。作为一名自学成才的工程师，阿德更广为人知的身份是一位卓有成就的航空学家。然而，在他的航空学声誉之外，阿德提交了一种设备的专利，这种设备将导致"剧院中的电话设备的改进"，并把他的发明称为"Théâtrophone"或"剧院电话"[2]。人们付费之后，剧院电话就可以通过电话线将歌剧和其他音乐演出传送到收听站点或者用户家中，这个概念与今天在线音乐流媒体的订阅并没有太大的不同。阿德的发明在1881年于巴黎举办的第一届国际电力展览会上首次亮相，某出版物这样描述了这一事件：

> 巴黎一直在寻求新的轰动事件，而有一部电话，通过它，人们用半个法郎就能欣赏一小会儿戏剧，这是一个吸引人们耳朵和钱币的最新事物，这种设备被称为剧院电话，它将很快被放置在巴黎大街上。任何人只要付出很少的钱，就可以与某个剧院连线并聆听5分钟的演出。[3]

在巴黎展览会4个月的会期中，好奇的人们聚集在两个房间里，每个房间都有10副耳机。布置在现场各个舞台上的10个话筒（俗称麦克风），为每个房间提供不同的体验，一个房间播放现场歌剧，另一个播放法兰西剧院的演出。在那些体验过剧院电话的人当中，有作家维克多·雨果这样的名人，有报道说他对这项发明印象深刻，甚至小说家马塞尔·普鲁斯特也对剧院电话感兴趣，并订购该服务。

最后，剧院电话传到了欧洲的其他城市，大受欢迎，投币式电话接收器被装在餐

① B. C. Forbes, "Why Do So Many Men Never Amount to Anything"? American Magazine, January 1921, 86.
② Tim Crook, Radio Drama: Theory and Practice (London: Routledge, 1999), 16.
③ The Electrical Engineer, August 30, 1889, 161.

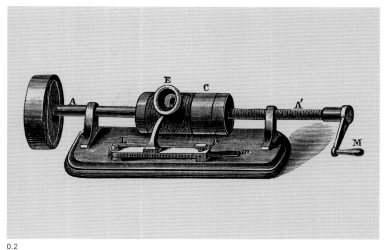

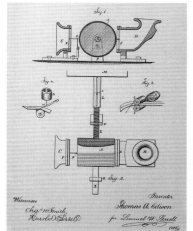

0.1	托马斯·爱迪生与他的第二个锡箔留声机模型，马修·布雷迪摄，华盛顿特区，1878年4月
0.2	托马斯·爱迪生的锡箔留声机示意图，约1877年
0.3	托马斯·爱迪生的"留声机或说话机"专利，美国专利局颁布，1878年2月19日
0.4	托马斯·爱迪生的留声机实验部，新泽西州奥兰治，1892 年 9 月 24 日

馆、旅店以及其他许多地方，很容易获取。家庭用户持续订购，算是创造了第一个家用音频重放设备。

　　考虑到剧院电话比现代无线电广播早出现了大约40年，并且电话传播是唯一的途径，它是一个惊人的成就。它挑战了人类的想象力，创造出一种儒勒·凡尔纳式的地下线缆"万维网"，在这里"美好年代"（译注：指欧洲历史上的一段时期，从19世纪末到第一次世界大战爆发，特别是1896—1914年，因科技进步和经济腾飞而进入的一段繁荣、和平、幸福的时期）的事件可以现场聆听。而且，就像在欧洲那样，阿德的剧院电话在大西洋彼岸的美国也留下了深刻的印象。例如，在1890年出版的 *Eleerical Review* 中，有一篇针对"有魄力的电话人"的创业者公告暗示，在纽约提供一台剧院电话"将取得巨大的成功……尤其是随着新闻信息功能的添加，因为美国人对新闻的渴求是众所周知的难以满足。④"

　　到此为止一切都还好，但是到了20世纪20年代，由于无线电收音机以及唱筒留声机、唱片留声机的日益普及，剧院电话的消亡是不可避免的。公平地说，不论它具有怎样的开创性，从音质来说剧院电话就留下了不少遗憾，到了1932年，世界上第一个流媒体服务走到了尽头。

④ Electrical Review, July 5, 1890, 4.

0.5

0.6

0.7

0.5	剧院电话广告，儒勒·切拉特绘图，克莱门特·阿德，1890 年
0.6	"在家聆听戏剧"，剧院电话广告，克莱门特·阿德，约1894年
0.7	剧院电话，克莱门特·阿德，约1881年

尽管这是个根本性的创举，但剧院电话作为一项发明却不是阿德的声名所在——至少从High-End（高端）音响设计方面来说不是。为此，我们需要回顾一下这个发明中的一个基本要素，他在最初的专利中这样描述：

> 舞台上的发射器（电话受话器）被分为两组——左边和右边。用户同样有两个接收器，一个连接到发射器的左侧接地，另一个连接到右侧接地。这种对声音的双重聆听，通过两套不同的装置接收和传输，在耳朵上产生的效果与立体镜在眼睛上产生的效果相同。[5]

换句话说，克莱门特·阿德事实上发明了立体声音响，这个专利措辞的有趣之处在于，阿德写得有多么简洁，立体声重放就有多么奇怪。人有两只耳朵，所以需要两个扬声器。还需要什么其他的解释？Res ipsa loquitur——不言而喻。

从立体声重放得到听觉感知看起来似乎是显而易见的，然而实际上要复杂得多，就实用立体声重放而言，这个世界不得不等到20世纪30年代，那时科学和工程学落后于音乐重放——或者更准确地说，音乐重放落后于科学和工程学。

这就让我们想到了利奥波德·斯托科夫斯基（Leopold Stokowski），一般认为他是20世纪最具活力、最富热情、最丰富多彩的指挥家之一。斯托科夫斯基受到许多人的赞扬，也受到另一些人的指责，说他爱作秀，把乐谱扔到地板上以展示他的自信（如果不是自夸），或者创造性地用剧院的灯光和阴影以凸显他的双手，手上有时并没有拿着指挥棒[6]。这种活力并没有局限在音乐厅里，斯托科夫斯基对音乐超乎寻常的热情是传播音乐福音的动力，这可以从他与费城交响乐团合作的多次演出以及1917—1977年创作的大量录音中明显看出。在早期，他非常热衷于通过录音艺术传播他的信息。

⑤ Clement Ader, "Telephonig Transmission of Sound from Theaters", Google Patents, patented May 9, 1882.
⑥ David Lasserson, "Are Concerts Killing Music?" Guardian, July 19, 2002.

这种热情解释了费城交响乐团早在1929年就在NBC电台开始频繁地现场演出的原因。毫不奇怪，斯托科夫斯基对声音的质量很不满意，并求助于新泽西州的贝尔电话实验室以寻找提高保真度的途径。早在1915年，美国电话电报（AT&T）公司，该实验室的所有者，就一直积极从事录音设备和回放的研究，他们从克莱门特·阿德离开的地方重新开始，深入研究和探索立体声的概念——这又是一个重要的催化剂，且奠定了我们今天录音聆听方式的基础。

斯托科夫斯基访问贝尔电话实验室（如今叫作贝尔实验室）的时机说明了一切，因为那仅仅是在他的最后一次NBC现场直播（1931年4月5日）的3天之后，显然，指挥家是在执行一项任务。1931—1932年，斯托科夫斯基在贝尔实验室与物理学家哈维·弗莱彻（Harvey Fletcher）合作，制作了一系列的录音，希望提升声音重放质量。1931年，*New Yoker* 杂志的马尔科姆·罗斯（Malcolm Ross）参观了实验室。他的文章，题为"发明工厂"，阐明了斯托科夫斯基在合作中所起的作用：

> 唱片的录制将会变得更好。利奥波德·斯托科夫斯基最近在实验室度过了一个下午，听了一段采用"山与谷"方法的录音，在这种方法中，唱针是上下移动的，而不是像之前那样左右摆动。斯托科夫斯基仔细地聆听了新设备上的管弦乐录音，很快地，"山与谷"方法的完美录音开始让他发现了音乐家的不完美之处。他的指挥变得更有特色，他开始抛弃管弦乐队的即兴技术，重新安排了座位，建议改变话筒位置，调响法国号，要不就是对一张缺乏感情的唱片提出批评，唱片上那些不可靠的表演者所刻下的凹槽可是无法抹去的。[7]

在提到早年差劲的保真度时，斯托科夫斯基有一次说道："那确实不好，但我没有对录音持保守态度，我要它变得更好……让音乐充分发射自己的光芒。"[8]

大多数音响和音乐爱好者都把1958年当作立体声重放诞生的元年，虽然1958年的确标志着立体声重放商业化的开始，但利奥波德·斯托科夫斯基确实是在1931年制作了第一批立体声唱片。在这个时期，由斯托科夫斯基指挥并由贝尔实验室负责录音，一共压制了125张唱片。虽然这项技术本质上仍是实验性的，但贝尔实验室首次采用了立体声技术，创造了新的设备，这些设备应用了此前还只是原始概念的动态范围、频率响应和信噪比等。直到他95岁去世时（1977年），斯托科夫斯基一直待在他的工作室里，履行他的录音合同，这些LP立体声唱片在贝尔实验室的档案中静静地躺了40年，直到工程师沃德·马斯顿（Ward Marston）把这些原始的金属压模转移到磁带上。1979年，贝尔实验室以两套式盒装纪念版的形式发行了这个系列的黑胶唱片。

这种在斯托科夫斯基与贝尔实验室之间"异性相吸"的联姻展示了艺术和科学的结合所能取得的成就。关于这一点，作家威廉·安德·史密斯（William Ander Smith）在他的《利奥波德·斯托科夫斯基之谜》（*The Mystery of Leopold Stockowski*）一书中谈到了这种结合：

> 这些实验同时为艺术世界和技术世界带来了共生的益处。用贝尔实验室的哈罗德·阿诺德（Harold Arnold）的话来说，斯托科夫斯基是技术专家的灵感之源，因为他可以把他们非艺术性的科学转变成光芒四射的声音和"活生生的"艺术。总之，这是技术与艺术目标的完美结合。[9]

⑦ Malcolm Ross, "Invention Factory", New Yorker, November 28, 1931.
⑧ Hans Fantel, "Sound; Stokowski's Other Legacy", New York Times, September 13, 1987.
⑨ William Ander Smith, The Mystery of Leopold Stokowski (Rutherford, NJ: Fairleigh Dickinson University Press, 1990), 175.

0.8 　利奥波德·斯托科夫斯基，由爱德华·斯泰兴为《名利场》（Vanity Fair）拍摄，1930年

0.9 　利奥波德·斯托科夫斯基（左）与贝尔实验室的哈维·弗莱彻，华盛顿特区，1933年

0.10 　录音棚中的管弦乐队，约1930年

0.8

0.9

0.10

或许是时候兜一整圈转回到留声机的发明者托马斯·爱迪生那里了。毕竟，本书的重点是High-End音响，虽然今天没有人会坚持认为最初的留声机产生了很好的声音，但是不可否认，留声机是最早发明的可以记录和重放声音的机器。

爱迪生的留声机是纯粹主义者的梦想，录音与回放最紧密地相互交织在一起。振膜接在唱针上，唱针在锡箔圆筒上刻下图案，然后再到蜡筒，声音导致振膜振动，振膜迫使唱针刻下这些声音振动。回放基本上就是通过相反的过程来完成：从圆筒到振膜，自然地放大了从蚀刻的圆筒传出的声波振动。这种回放方式模拟了最初的录音过程——因而我们现在常常把"模拟"这一术语与黑胶唱片以及磁带联系在一起。此外，这类纯机械的留声机被称为"声学"留声机，以区别于后来取代它的"电气"留声机。

但是，爱迪生的留声机从一开始就有缺陷，它只能播放大约2分钟，唱筒上的凹槽迅速被磨损，而且唱筒本身无法复制。后面这个问题意味着每一位艺术家都必须为每一个唱筒重复他们的表演。

爱迪生在公司存续的大部分时间里都保持着控制权，他似乎从未对此太过于担心。他后来对初始发明所做的一切改变都可以说是市场压力所致，很可能他会坚持他最初的发明，保留所有的缺陷，一直到最后（他基本上就是这么做的）。但市场逐渐厌倦了这个新玩意儿，并渴求一种更好的产品。

0.11	"爱迪生留声机：最甜美的歌者可以从中学习"，爱迪生留声机广告，托马斯·爱迪生，约1888年
0.12	"爱迪生音乐会留声机：你听过吗？"，爱迪生音乐会留声机广告，托马斯·爱迪生，1899年

0.11

0.12

对于比唱筒留声机更好的东西的早期需求，可以用第一个保真度更好的某种东西的真正诞生来反映，尽管这还不算是High-End音响的诞生。埃米尔·柏林纳（Emile Berliner），这个移民到美国的德国人，用他的唱片留声机填补了空白。在爱迪生留声机出现10年之后，柏林纳改进了爱迪生那个有问题的唱筒，用一个扁平的圆盘代替它，从而将问题完全消除。这种结构使它可以高效率地大批量生产，这也是迈向20世纪建立的音乐发行模式的第一步。[10]

0.13	爱迪生标准唱筒留声机，托马斯·爱迪生，1900年
0.14	柏林纳唱片留声机，埃米尔·柏林纳，卡默勒以及莱因哈特，1890年
0.15	唱片留声机，THORENS，约1914年
0.16	唱片留声机，PATHÉ，20世纪20年代
0.17	唱片留声机播音头，1915年
0.18	唱片留声机唱针盒，20世纪30年代

[10] Greg Milner, Perfecting Sound Forever (New York, NY: Farrar, Straus & Giroux, 2009).

0.13

0.14

0.15

0.16

0.17

0.18

与此同时，在瑞士，Thorens（多能士）公司推出了自己的唱筒留声机和唱片留声机。凭借它在微精度、先进性和优雅的功能主义方面所具有的毫无疑问的瑞士特色，这家公司为该国未来的音响公司奠定了哲学基础，同时也为世界上其他公司铺平了道路。该公司的产品以20世纪20年代后期精心制作的Thorens Sonata和Excelda为代表，这两个都是早期的便携式留声机。小体积的便携性概念最后在极致High-End机器（如20世纪70年代的Nakamichi 550和350便携式盒式磁带录音机）以及更普通的主流设备（如1979年的索尼随身听和2001年的苹果iPod）方面得到了概念上的进化。在具有了成功的基础之后，Thorens一跃成为High-End音响领域最具创造力和最有活力的力量之一。

0.19

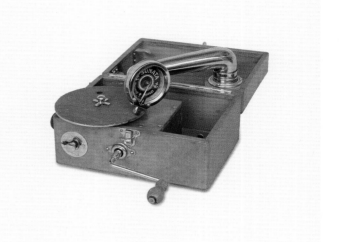

0.20

在其他国家，该行业也在快速发展。1925年，在斯堪的纳维亚半岛，彼得·邦（Peter Bang）和斯文德·奥卢夫森（Svend Olufsen）这两位对设计有着敏锐眼光的丹麦工程师正在奥卢夫森家的阁楼上忙着制作收音机。如此简陋的开端与今日B&O（铂傲，Bang&Olufsen）的产品线形成了惊人的反差，1947年，B&O发布了一款磁性钢丝录音机Beocord 84U。在20世纪60年代，该公司聘请了设计偶像雅各布·延森（Jacob Jensen）和大卫·刘易斯（David Lewis），展示了对高质量工业设计明确的早期强调，自此，B&O一直坚持其可敬的斯堪的纳维亚美学。与此同时，该公司高水平的工程技术稳步跨入其他北欧音响公司的高标准之列，例如Duelund Coherent Audio、Dynaudio、Electrocompaniet、Gradient、Gryphon、Tandberg和Vitus Audio等。

0.19	EXCELDA No.55便携式留声机，THORENS，1928年
0.20	SONATA GRAPHONETTE便携式留声机，THORENS，1928年
0.21	彼得·邦（右）与BANG & OLUFSEN最早的两个雇员阿格·赛（左）和奥尔·阿尔弗雷德·马德森（中）在该公司的第一个车间，丹麦奎斯特鲁普，1925年
0.22	HYBERBO 5RG收音电唱两用机，BANG & OLUFSEN，1934年
0.23	BEOLIT 39收音机，BANG & OLUFSEN，1938年
0.24	BEOCORD 84U磁性钢丝录音机，BANG & OLUFSEN，1947年

0.21

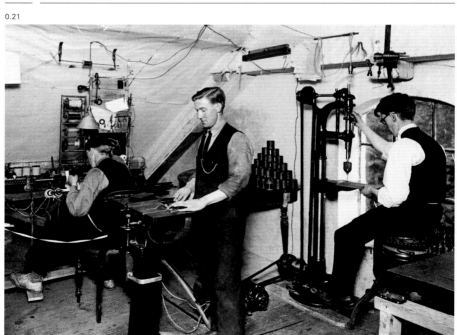

0.22

0.23

0.24

虽然B&O成功地为自己的品牌建立了持久的以设计为导向的基础，但在如今这些早期产品很少仍在使用之中，特别是在小众的High-End圈子中。这个时代制造的大多数唱筒留声机、唱片留声机和柜式收音机都是如此。然而，20世纪30年代的一项发明却是个独特的例外——来自德国的ZELLATON（泽拉通）扬声器，它仍然在生产。它的发明者埃米尔·波德苏斯（Emil Podszus）博士的目的可以从他1932年专利的第一段中明显看出：

> 我的发明涉及声音重放装置的改进，更具体地说，涉及的声音重放装置包含一个振膜，其适于按照被重放的声音的波动来振动，例如，用于电话和扬声器中。本改进的目的是提供一种声音重放装置，在该装置中振膜的自然振动可以被检查，并部分用于增强声音重放装置施予振膜的理想振动。[11]

波德苏斯博士的设计涉及一个由轻质泡沫制成的扬声器锥盆，这个锥盆经过烘烤使之变硬，然后再覆上超薄箔——所有这些都是手工制作的。尽管这一过程已经现代化，但它仍然是今天生产制作的基本模式，并且都以"自然振动"的名义。自然振动等于自然的音乐再现——这是ZELLATON长期以来的优点。

0.25	埃米尔·波德苏斯博士和一个工作人员在国际广播展中，德国杜塞尔多夫，约1950年
0.26	多路扬声器，ZELLATON，20世纪30年代中
0.27~0.28	多路扬声器宣传册，ZELLATON，20世纪50年代末

[11] Dr. Emil Podszus, "Sound Reproducing Apparatus", patented July 26, 1932.

0.25

0.26

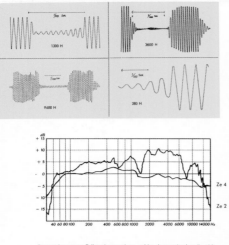

Frequenzkurven von Zellatonlautsprechern, welche aber wenig über die wirkliche Güte aussagen. Mehr sagt die darüber angezeigte, äußerst kurzzeitige Dauer der Eigenschwingungen bei Erregung mit Sinusstößen verschiedener Frequenzen.

Dr. E. PODSZUS & SOHN
NÜRNBERG, LEONHARDSTRASSE 22, RÜCKGEBÄUDE
ROTH B. NBG., ERLENWEG 1

0.27

Klänge, Töne und Leistungen genügen dafür ganz wenige Grundtypen. Ihre Zusammenschaltung zu Kombinationen mit ausgewählten Schaltungen ergeben einen so unwahrscheinlichen Klang, daß eine Unterscheidung gegenüber dem Original kaum mehr möglich ist.

Eine große Zahl von Typen ist nicht erforderlich, besonders da, wo mit großer Wirkung auch größere Leistung mit einer einzigen Type zusammengesetzt wird (Plurale), welche ganz neue Effekte zeigt.

Die Wiedergabegüte der Zellatonlautsprecher hängt von dem besonderen und neuartigen Zusammenbau ab. Hierzu gehören die sehr zarten, nur wenige Hundertstel Millimeter starken Aufhängungen und Zentrierungen aus widerstandsfähigen Kunststoffolien, deren ausgerechnete Rillenflächen eine große radiale, aber eine höchst empfindliche achsiale Steifheit ergeben, und von großer Dauerbeständigkeit sind. Sie werden nicht durch feine Dämpfungsmittel und Luftdämpfungen genau einreguliert, und bringen eine niedrige Grundresonanz. Ein zweites Mittel ist die Anwendung starker Magnetfelder, besonders wird ein Feld von 12000 G benutzt, Typenbezeichnung „spezial", für größere Felder von 13000 G mit der Bezeichnung „Sdfg." (Sonderfertigung). Aber auch noch Felder von 10000 G ergeben gute Resultate, werden aber weniger gefragt, weil ihr Wirkungsgrad etw. etwas geringer ist. Über Einzelheiten berichtet die Tabelle.

Ze 1 der Hauptlautsprecher für kleinere Leistungen mit einer Membran von 9 cm ⌀, der als Einzellautsprecher in hervorragender Weise bei entsprechendem Einbau das ganze Frequenzband wiedergibt. Er bildet auch ein Grundelement für Kombinationen bis zu größten Leistungen, z. B. für Plurale, Tonkugeln, Abhörschränke, Großanlagen.

Ze 2 mit einem Membrandurchmesser von 20 cm ist der Lautsprecher für größere Leistungen und das ganze Frequenzband, wird aber in Kombinationen hauptsächlich zur klaren Wiedergabe der tieferen Frequenzen verwandt, während die mittleren und höheren dem Ze 1 zugeleitet werden. Dadurch werden Intermodulationen ausgeschaltet und trockene, gewaltige Bässe erreicht.

Ze 0 ein Lautsprecher für das höchste Frequenzgebiet bis 25000 Hertz mit einer Membran von 4 bis 5 cm ⌀ welche besonders in Kombinationen zur Ergänzung der Impulsformen wichtig sind, aber auch im Hörgebiet den Glanz des Klanges und seine Weichheit fördern.

Kombinationen lassen sich auf mannigfache Weise zusammenstellen, wobei das Pluralprinzip der dichtest möglichen Zusammenstellung von kleineren Lautsprechern zu Wannen, Kugeln usw. Verwendung finden kann. Dadurch wird eine Verstärkung der Abstrahlung erreicht, welche besonders günstiges schnelles Abklingen von Eigenschwingungen usw. bewirkt, und dazu höheren Wirkungsgrad ergibt.

Ze 3 Kombination aus 1 Ze 2 und 1 Ze 1 ergibt noch bessere Betonung der Tiefen und Trennung. Das tritt noch mehr bei Ze 4 in Erscheinung, der 1 Ze 2 und 2 Ze 1 besitzt und eine besondere Schaltung, welche die Frequenzverteilung mit Hilfe von zugesetzten Kapazitäten und Drosseln zum Gleichklang bringt.

Ze 5 ist eine Spezialpluralkombination aus 6 Ze 1 in besonderer Anordnung zur weitgestreuten Raumverteilung mit besonderer Hi-Fi-Klangwirkung. Solche Plurale werden bis zu 9 und mehr Elementen angewandt und ergeben ohne weitere Glieder hervorragende originalgleiche Wiedergabe, lassen sich zu hochohmigen Aggregaten schalten.

Ze 6, für größere Leistung bis über 20 Watt, welche auch bei gedrosselter Benutzung in Wohnräumen ein unwahrscheinliches Klangbild mit vollem Orchestereindruck vermitteln, bestehend aus 1 Ze 5 und 2 Ze 2 und eventuell Zusatz von 2 Ze 0. Diese Kombinationen werden mit den entsprechenden Schaltmitteln, Kapazitäten, Drosseln usw. auf eine große Schallwand fertig geliefert, können aber auch als einzelne Lautsprecher bezogen werden.

Größere Kombinationen für Säle, Kinos, Abhörschränke mit Leistung bis weit über 50 Watt sind aus den vorher beschriebenen Elementen aufgebaut. Genauere Angaben nach Anfrage.

Besonders wird auf die neueste Drosselkettenschaltung hingewiesen, welche auf die saubere Abbildung von Impulsen abgestimmt ist und nur geringe Mehrkosten bedingt.

Erst die impulsfesten Kombinationen ergeben gute Stereowiedergabe, als Mono betrieben eine bessere als Stereo mit geringwertigen Lautsprechern.

0.28

音频重放的黎明在20世纪40年代末结束，但在这之前受到了装饰风艺术（Art Deco）形式及其繁荣的影响。灵活的美国公司主导着这一领域，早期的收音机使用非同寻常的材料和精湛的手工技艺装饰。

与制作精美的装饰风艺术风格的立柜式音响形成了鲜明的对比，另一场音频重放运动正在进行之中，其中心是用于电影院和专业音响系统的巨形号角。美国的Western Electric（西电）和德国的Klangfilm（巴生影业）是这方面的佼佼者。号角的优势在于它们的高效率，因而可以使用功率较低的三极电子管，这是对当今音响奇异趣味又一个非凡而又持久的贡献。Western Electric号角激发的灵感最后进入了今天的High-End扬声器，虽然更小一些，却更优雅。

20世纪50年代终于成为所有这些各不相同的声音和设计潮流的音响高潮，从唱筒留声机到唱片留声机，或者从剧院电话到收音机，很显然，世界在不断地渴求更好的东西。话说到这里，Hi-Fi诞生了。

0.29	49-C放大器，WESTERN ELECTRIC，20世纪30年代初
0.30	ZEPHYR收音机，奶油糖果黄酚醛树脂，莫里斯·温科德设计，CORD RADIO，1936年
0.31	AU-190收音机，天青石色酚醛树脂，EMERSON，1937年
0.32	SPARTON 557收音机，钴蓝色镜面面板，瓦尔特·多尔文·蒂格设计，SPARKS-WITHINGTON，1936年
0.33	812收音机，ZENITH，1935年
0.34	517-B收音机，饰漆乌木，瓦尔特·多尔文·蒂格设计，SPARKS-WITHINGTON，1936年

0.29

0.30

0.31

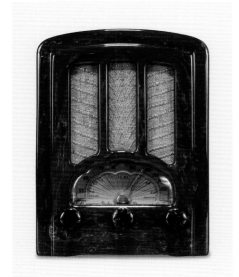

0.32

0.33

0.34

第1章

20世纪50年代　工业立体声乌托邦

第1章　20世纪50年代 工业立体声乌托邦

　　到了20世纪50年代，音响的萌芽和为被主流接受的努力已经演变成一种文化拥抱。弗兰克·辛纳屈（Frank Sinatra）的棕榈泉别墅正是那个时期时代精神的缩影。在这座房子里，定制的橱柜里安放着两个最高级的音响系统——两台唱机，一台用于录音，另一台用于播放，并和接收器还有混音器放在一起。

1.1

1.1　弗兰克·辛纳屈的别墅，加利福尼亚州棕榈泉，朱利叶斯·舒尔曼摄，1949年

　　Hi-Fi终于在20世纪50年代到来了，随之而来的是杂志，其内容涵盖了市场上出现的所有最新设备。1951年，新发行的 *High Fidelity* 杂志将"发烧友（audiophile）"一词引入词典，主流文化开始全面接受音响设备的所有形式。阿德、爱迪生和斯托科夫斯基等人累积的辛勤工作最终得到了回报，公众渴望掌握大胆的设计、新的格式和毫不妥协的品质。这种对品质的强调是独一无二的，因为它没有受到后来一些趋势的影响，如低成本制造、亚洲进口、计划淘汰和创意营销。可以恰如其分地说，High-End音响的种子在20世纪50年代就已牢牢扎根，而这些将孕育出20世纪70年代产生的作坊High-End音响产业。

　　随着20世纪50年代世界上开始在工业设计中引入鲜明的简约以及整洁的技艺，以设计为导向的音响设备从现代主义汲取灵感，使用创新性的塑料和玻璃纤维来平衡天然材料。与此同时，分体式组件的运转融合了能够产生卓越保真度的尖端技术，但又与简洁的功能主义匹配，这种简洁的功能主义将被延续，并被20世纪70年代的High-End设计哲学所继承。

　　在10年的设计约束中，创新性设计师，如Braun（博朗）公司的迪特·拉姆斯（Dieter Rams）和Quad（国都）公司的彼得·沃克（Peter Walker）等，创造了家用Hi-Fi音响经久不衰的象征。支撑这些努力的是重放音乐的共同灵感——非常自然而然地，获得良好重放的意愿与包含了爵士乐、布鲁斯、民谣、早期摇滚以及古典等音乐体裁的壮大的音乐世界交互作用。这一切都是相互联结的，正是当时的文化大熔炉让音响设备的发展得以起飞。

1.2~1.3　SK 5 PHONOSUPER收音及唱机，迪特·拉姆斯与汉斯·古格洛，BRAUN，1958年

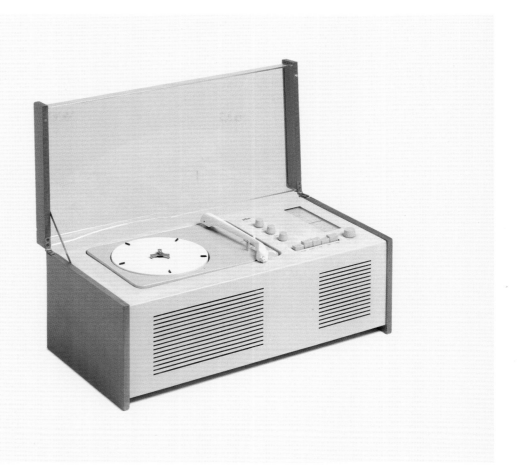

1.2

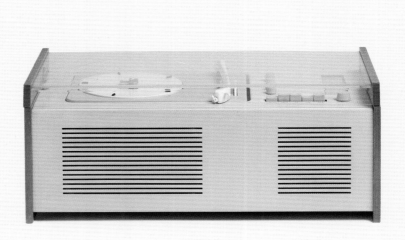

1.3

然而，在探索20世纪50年代音响设备的演化之前，必须破译术语"高保真"的确切含义。毕竟，除开感受音乐中的抽象性、个体性和情感性元素之外，Hi-Fi设备的意义究竟何在？通过将高保真设备还原到声音工具的统一框架，我们可以认识到这个时代及未来更高端音响设备的动因。

关于忠实重放的真相

任何High-End音响系统的根本目的都是忠实地重放音乐，以便尽可能准确地保留——原封不动地——并传输艺术家在录音过程中传达的意图。虽然这种清晰明确的理念很好地形成了一种稳固的音响哲学，但不少音响设计工程师采用了另一种有着细微差别的方法。对于这些工程师（以及发烧友）中的许多人来说，High-End音响的目的不在于达成对演出的忠实重放，而在于允许创造出深情、细腻或优雅的音乐再现。换言之，理想的做法是用温暖的或附加的色彩、更强的纹理或饱和度来修饰最初的艺术意图，这些做法常常与艺术家或录音过程无关。这和反向诠释如何与忠实的重放相结合，成为发烧友们讨论的好主题，后续的章节将探讨这些结合的种种方法。当然，这种多样性在艺术领域是有效的，在艺术领域中，重点不在于系统的声音是线性的还是被染色的，而在于音响设计师的意图——音乐从音箱中发出来时听起来应当是怎样的，这是对他（或她）个人和主观情感的忠实再现。

声音的含义

无论音响设计方法的种类有多么丰富，清晰度都占据着最重要的地位，因为它关系到高保真音响所必须普遍达成的目标，即重放声音的整个可闻范围。但是"声音"又是什么意思呢？简单地说，声音可以分解为音高、音色和音量。

说到音高时，我们关心的是音符或音调的高与低。音符发出声波是一定时间跨度内的空气振动，由于音符的振动是按固定的间隔重复，所以会存在一个周期，我们称之为音符或音调的音高。例如，小提琴奏出的一个高音音符比大提琴奏出的一个低音音符所产生的振动周期更快。在听到这些不同的音符时，我们的耳朵会感知到较高或较低的音高。音符每秒产生的振动周期数被称为频率，频率的单位等于每秒1个周期，被称为1赫兹（Hz），以德国物理学家海因里希·赫兹（Heinrich Hertz）的名字命名，他在1887年进行了第一次无线电传播[1]。频率低的声音具有低的音高，而频率高的声音具有高的音高。作为一般规律，人耳可以听到低至20Hz和高达20 000Hz的声音，不过这随着年龄和听觉经历的不同而异，比如不断暴露于吵闹的噪声中可能损害听觉感知能力。

然而，在小提琴或中提琴上演奏的相同音符听起来完全不同，因此，要讨论的不仅仅是音高。再进一步说，在Yamaha钢琴上演奏的音符与在Fazioli钢琴上演奏的相同音符听起来也不一样。这种不同于绝对音高的被称为音色，涉及色彩、音质和谐波的变化，最好的音响设备可以重播所有的这些。

声音的音量或响度由每个声波的振幅决定，从根本上说，振幅衡量的是每个波从基线静息位置到峰值的幅度。高音量的声音，如喷气式发动机，具有比低音量声音高得多的振幅；低音量的声音，比如和风中树叶轻柔的沙沙声，具有非常低的振幅。

① Mark Fray, "In the Beginning…The World of Electricity: 1820—1904", International Electrotechnical Commission, accessed August 2017.

声音的产生过程本身相当复杂，而声音从电路到达耳朵的旅程同样非常复杂——这就是为什么实现这一魔术所需的技术在20世纪50年代得以实现并非偶然。第二次世界大战的到来促进了新技术的创造，包括商业音响系统的创新，其中机械方面的最大诱惑也许就是磁带的录制和播放。

从AEG到Ampex

弗里茨·普洛厄默（Fritz Pfleumer）是一位德国–奥地利工程师，他发明了录音用的磁化磁带。到20世纪30年代，德国电子公司AEG扩展了普洛厄默的技术，并制造了一种开盘（reel-to-reel，卷轴对卷轴）磁带录音机，叫作Magnetophon。紧接着，该公司在1935年开发了尺寸更实用的Magnetophon K1。这两台机器使用的磁带都是由另一家名为IG Farben的电子公司的BASF部门生产的。

后来，一位名叫杰克·穆林（Jack Mullin）的美国军官前往德国寻找Magnetophon磁带录音机，并在法兰克福找到了实物。一回到美国，穆林就修改了这台机器，并尝试将其推销给米高梅（MGM）工作室。在美国Ampex电子公司工程师的帮助下，这种新的录音方法被推介给超级巨星平·克劳斯贝（Bing Crosby）。尽管最初还有所保留，克劳斯贝对它用于广播演出的预先录制方法感兴趣，这个方法避免了常规性的现场表演需要，因为他发现这些表演越来越繁重。克劳斯贝对这项新技术的印象非常深刻，所以他加入了这项工作，还为Ampex公司安排了财务支持。有了克劳斯贝的加盟，大多数主要录音室都购买了新的Ampex机器，而磁带也开始成为家用Hi-Fi设备的重要格式。1954年，埃尔维斯·普雷斯利（Elvis Presley）在Ampex开盘机上录制了他的第一首单曲《That's All Right》。同年，Ampex公司发布了第一台多轨录音机，从那以后，多轨录音机主导了录音室技术。

虽然Ampex垄断着20世纪50年代美国的开盘录音机市场，但世界各地的其他公司也开始将注意力转向开发本国设备。例如，在英国，像Collaro公司这样的留声机和唱片播放机制造商进入了开盘机市场，而英国公司Ferrograph则开始专注于定制设备。尽管在古董音响圈子之外鲜为人知，Ferrograph公司制造了一些史上最耐用、最可靠的磁带机。

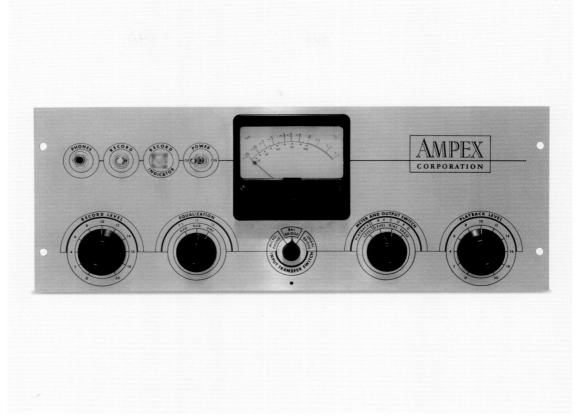

1.5

1.6

1.7　　351磁带录音机，AMPEX，约1956年

1.8~1.9　601便携式磁带录音机，AMPEX，约1958年(此款，1962年)

1.8

1.9

1.10

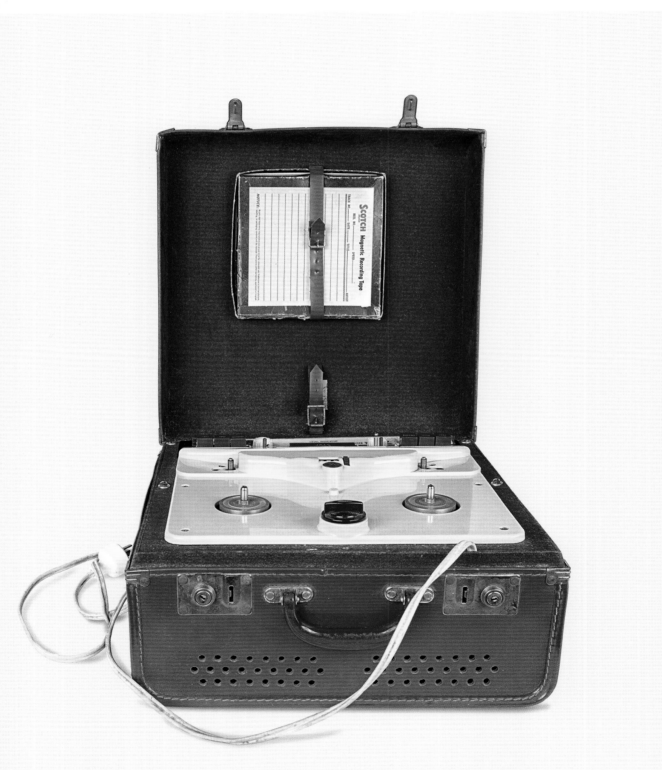

1.11

NOW supreme fidelity
costs 1/9 as much

AMPEX 600 PORTABLE MAGNETIC TAPE RECORDER

- 40 to 15,000 cycles response at 7½ in/sec.
- Over 55 db. signal-to-noise ratio
- Flutter and wow under 0.25% rms.
- Separate record and playback heads to permit monitoring while recording
- Built-in mixing between microphone and line
- Prices — $498 unmounted, $545 in portable case

AMPEX 620 PORTABLE AMPLIFIER-SPEAKER

A companion unit that not only matches the 600 in portability and appearance, but also in quality as well. Price is $149.50 in portable case.

Today the Ampex 600 is a tape recorder in a class by itself. At $545 it provides a degree of fidelity that is beyond reproach — and it is a modest machine that weighs only 28 pounds. It is a professional recorder priced within reach of thousands of critical music listeners and tape recording enthusiasts.

In 1947 this same class of fidelity could only be had by buying an Ampex 200 for $5200. It was worth its price because it was the only thing of its kind. It was the first commercial recorder that made radio transcriptions sound like live broadcasts. But the Ampex 200 weighed 250 pounds. Few, if any, were bought for home use.

The man who has seen it all has this to say:

"When I bought the first Ampex Model 200, folks thought I was a goner, springing for $5200.00. But it was a bargain — transcribing my radio program without losing any of the freshness of a live appearance. Some of my records came off the same tape. I could be three places at once. But now here's an Ampex I can carry with one hand. Records and reproduces perfectly, but costs little compared with the first one. So I have a commercial recording studio wherever I roam."

For full information, write today to Dept. B-1888

AMPEX
CORPORATION

Signature of Perfection in Sound

934 CHARTER STREET • REDWOOD CITY, CALIFORNIA
Distributors in principal cities (see your local telephone directory under "Recording Equipment").
Canadian distribution by Canadian General Electric Company.

除了录音机，还有两种别的设备也主导了这个年代的Hi-Fi局面：唱机和调谐器（收音头）。在20世纪50年代初，采用低噪声聚氯乙烯制作的每分钟78转唱片的质量远远超越了之前的78转唱片，之前的唱片是用虫胶等较重的材料制成，噪声较大。1948年，哥伦比亚唱片公司推出了直径12in的每分钟33 1/3转的密纹黑胶唱片，称为LP（即长时间播放，Long Playing），而RCA（美国无线电公司）在一年后推出了直径7in的每分钟45转唱片，或称为"45"。虽然比78转唱片薄了许多，但事实证明这些唱片非常耐用，而且具有更大的动态范围。

恰逢其时，录音创作的时机再好不过了，因为爵士乐和古典音乐中的前卫音乐界可以说是史上最多产的音乐界。在20世纪50年代后期之前，发行的唱片是单声道的，意味着它们被设计成只用一个音箱播放，然而，这些最终将被立体声录音取代。

尤其是随着这个年代爵士乐发展到了巅峰，爵士艺术家们累积的才华相当惊人，但若不是当时录音过程中采用了高水平的工程技术，以及今天仍然被珍视的45转唱片以及LP，这些音乐天才都将很容易被遗忘。在这方面，20世纪50年代录音界权威中最杰出的一位也许是鲁迪·冯·格尔德（Rudy Van Gelder）。著名的"冯·格尔德声"或"蓝调声"，以即兴演出与温暖音调的特殊融合而知名。冯·格尔德录制了传奇的爵士乐专辑，如塞隆尼斯·蒙克（Thelonious Monk）的*Monk*（1954），迈尔斯·戴维斯（Miles Davis）的*Miles*（1955）和约翰·柯川（John Coltrane）的*Blue Train*（1958）。到了下一个10年他仍然保持着同样的传奇，录制了约翰·柯川的*A Love Supreme*（1965）和赫比·汉考克（Herbie Hancock）的*Maiden Voyage*（1965）。

随着音乐和唱片行业的发展挂上高速挡前进，唱机在20世纪50年代的蓬勃发展成为必然，这些设备被制造得经久耐用，模仿了录音室的耐久性，无论设计上还是工程上都是如此。

这个时期的唱机采用的主要机制都是惰轮驱动系统，它通过橡胶轮工作，橡胶轮机械耦合到电动机并转动唱盘。由于它具有非常高的扭矩，非常适合播放沉重的78转唱片，并且对广播电台也是特别有用（而且稳定）的机制。从凹槽中读取音乐信息由唱头继续完成，有时被称为"拾音"，而随着20世纪50年代后期立体声的出现，许多唱头相应地演变成立体声版本。更轻的LP唱片以及唱头最终取代了老旧的78转格式，唱机采用皮带驱动，或者采用直接驱动系统（相对较少）。

1.12　　鲁迪·冯·格尔德在他的工作室，新泽西州哈肯萨克，20世纪50年代中期

1.12

EMT

或许最有代表性的惰轮驱动唱机品牌是德国公司Elektromesstechnik（电子技术），也被称为EMT。该公司成立于20世纪30年代，然后在20世纪50年代凭借927和930唱机真正登台亮相。该公司采用工业铸造的金属框架赋予其设计非常高的稳固性，这对于隔离巨大的电动机与惰轮驱动系统至关重要。唱臂和唱头由丹麦公司Ortofon（高度风）提供，Ortofon今天继续在模拟技术产品中居于突出地位。927唱机下方的空间里隐藏着广播电台和录音室不可或缺的稳固性，其中一个927版本集成了一个频闪仪，这个视觉指示有助于速度的精细调节。尽管927和930演变出各种迭代版本（其中最突出的是20世纪50年代末的立体声版本和双唱臂927F），但唱机的设计与制造以及传奇的可靠性始终如一。

1.13-14　　927 st唱机，EMT (配RMA 297唱臂，ORTOFON)，1961年

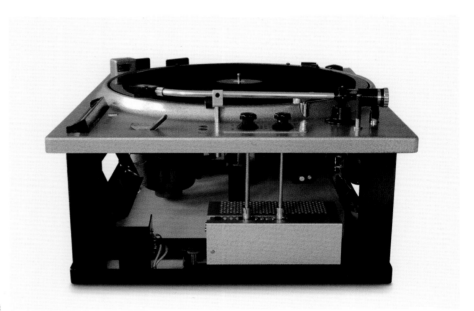

1.13

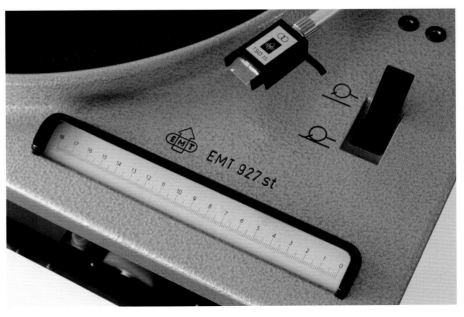

1.14

Garrard

在英国，Garrard（加拉德，或杰拉德）301是BBC的最爱，这是有充分理由的。这个英国制造的唱机缺少EMT所具有的包豪斯风格（译注：包豪斯是1919—1932年德国的一所艺术和建筑学校，其设计思想与流派对建筑设计、平面设计、工业设计乃至服装设计等都有非常重大的影响。），但同样稳固或强大。301于1954年推出，包括润滑脂和含油轴承两款型号，这两款到今天都备受推崇。正好赶上立体声唱片的到来，Garrard还发布了设计时髦的4HF，装有立体声唱臂和唱头。EMT常常与Ortofon唱头相关，Garrard则经常使用Decca（迪卡）全频域录音（FFRR）型号。虽然Decca以古典唱片而闻名，但Decca设计制造了开创性的立体声话筒和创造性的录音技术，Decca的FFRR或全频域立体声（FFSS）事实上领先于1958年出现的立体声音响大爆发，基于这些技术该公司创造了许多那个时期的更为High-End的唱头。

Lenco

在瑞士，早期的音响系统主要是由诸如Studer-Revox和Thorens这样的大牌公司主导，但竞争对手Lenco以不同的设计理念插进了家用Hi-Fi音响领域。Lenco于1946年在瑞士城市布格多夫成立，强调整洁的简单性。因而Lenco精简形式的唱机，如20世纪40年代后期的Lenco F50-8，完全符合20世纪中叶的理想。

Thorens

在1929年创造了第一个电唱头之后，Thorens（多能士）在20世纪50年代，似乎是水到渠成地推出了高保真历史上最受推崇的唱机之一——Tourne-Disque 124（或称TD124）。TD124是一款杰出的机器，具有非常独特的惰轮驱动系统，它采用一个重达9磅（4.3kg）的铸铁唱盘，在皮带和塔轮的帮助下转动，塔轮的转动传到橡胶轮上，橡胶轮再传到坚固的唱盘。和Garrard 301/401一样，Thorens TD124是全球爱好者最喜欢的修复对象之一。

1.15

1.16

1.17

1.18

1.19

1.20

1.21

1.22

到20世纪50年代，各种各样的流行、古典和爵士音乐电台已经开始广播。FM（调频）具有实验性和音乐性的新颖品质，被允许独立于AM（调幅）姊妹电台之外运作。无线电频率刻度盘上最初有限的42MHz~50MHz范围扩展到了88MHz~108MHz，这使得各种各样的新节目蓬勃发展。除了卓越的广播质量外，对高品质调谐器的需求也带来了音响领域中一些最吸引人的工程成就。

Leak

与Garrard一样，Leak将自己发展成为一个卓越的英国品牌，在20世纪50年代以及20世纪60年代早期创造了一些最优秀的电子产品。值得留意的是该公司的声音品质非常高的"Trough-Line"调谐器系列，这一系列的调谐器最初是单声道的，但很快也提供了立体声版本。

Fisher Radio Corporation

与此同时，在大西洋彼岸的纽约市，慈善家艾弗里·费雪（Avery Fisher）风险投资于音响制造领域，凭借1945年成立的费雪无线电公司（Fisher Radio Corporation）在音响行业留下了自己的印记。费雪是一位来自布鲁克林的业余小提琴家，热衷于真实还原演出声音的重放，想要开发一种可以像听管弦乐现场演出一样的高保真收音机。为了这个目标，在音响设备方面，他是分体式组件的早期倡导者，不过附带条件是放大器与无线电调谐器的结合，这个概念后来被称为"接收器"：一个包含调谐器和放大器但不包含扬声器的设备。Fisher公司成为电子管接收器设计制造的领导者，其中一些型号在20世纪60年代变得著名，并且至今仍在使用。为了表彰费雪对纽约市繁荣兴旺的音乐界的贡献，1973—2015年，林肯中心的爱乐乐团场地被命名为艾弗里·费雪音乐厅。

1.23	配对的 50A放大器和 50-C前置放大器，以及一个 MPX-100多路复用适配器，FISHER，1952—1961年
1.24	TROUGH-LINE II调谐器，LEAK，1959年
1.25	500收音机，FISHER，1957年
1.26	X-100放大器，FISHER，1962年

1.24

1.25

1.26

H. H. Scott

Fisher的主要竞争对手之一是H. H. Scott（H.H.斯科特）——这样说是有充分理由的。在那个年代的High-End音响设备领域，Scott在FM广播和FM立体声领域的创新依然是无与伦比的。赫蒙·霍斯默·斯科特（HermonHosmerScott）是一个闻名的具有远见卓识的商人，他利用自己的工程技能获得了音响史上几块里程碑中的第一块，这主要归功于斯科特的动态听觉噪声抑制器（Dynaural Noise Suppressor），利奥波德·斯托科夫斯基和平·克劳贝等人终于可以从广播的一次又一次现场直播中解脱出来。这个设备使得广播公司有史以来第一次可以以极高的保真度播放黑胶唱片，而不是仅仅播放现场演出或嘈杂的78转唱片。

斯科特的创造天赋使他最终在20世纪50年代的FM演化进程中居于主导地位。在他的工程师团队帮助下，该团队由才华横溢的丹尼尔·冯·雷克林豪森（Daniel von Recklinghausen）领导，斯科特向市场推出了革命性的FM多路复用广播设备，以及配套的FM立体声多路复用适配器和调谐器。立体声声道信息的新编码需要新的解码硬件，Scott开拓了FM的早期发展，这些努力导致了Scott和Fisher之间的激烈竞争。

从20世纪30年代和20世纪40年代厚重、奢华的立柜式音响向20世纪50年代的分体式组件的转变，代表着在个人偏好和使用情况的基础上，公众对单件设备（唱机、磁带、调谐器、放大器、前置放大器）的需求。向分体式组件的转变也开始强化以质量为导向。通过这种方式，制造商也可以用纯粹的方式制造单一组件，结果，比较高端的设备被吸引转向分体式组件，而音响界的主流及其设计部门则将20世纪中叶的价值观培养向整合的控制台设计。这种趋势一直持续到20世纪70年代，到那时High-End音响设备的第二波浪潮将重新拾起20世纪50年代所放下的。

Dynaco

想象一下，如果法拉利提供了一个汽车套件给用户自己组装，而且是以比全部装好后出厂的汽车更低的价格出售。是的，这基本上就是Dynaco在20世纪50年代采用的方式，而且非常成功。音响组件中有不少是很适合动手实践的，因此构建自己的Hi-Fi设备并收获听觉回报在那个年代的爱好者和DIY（do-it-yourself，自己动手）群体中广受欢迎，Dynaco迅速开发了这一细分市场。公司创始人大卫·哈夫勒（David Hafler）和埃德·劳伦特（Ed Laurent）以Low-End（低端）的价格向大众推出了一款High-End（高端）产品，这款产品打开了让消费者兴趣大增的大门Dynaco ST-70功放发布于1959年，据报道售出超过35万台，可以说是有史以来最受欢迎的电子管功放。它以EL34电子管为基础，每声道35W。由于其甜美而富有乐感的音色，它获得了忠实狂热的追随者，从而保留了它的传统和价值。

Harman Kardon

20世纪50年代High-End音响的另一位重要奠基者是Harman Kardon（哈曼·卡顿）公司，该公司成功的核心是1959年发布的Citation II立体声高保真功率放大器。它高增益、宽带宽的视频五极管设计在当时是革命性的，拥有比许多发烧友所见过的更好的性能。Citation II是由富有创新性的工程师斯图尔特·赫格曼（Stuart Hegeman）为Harman Kardon设计的，它帮助Harman Kardon在音响发烧友中树立了它的品牌。

带宽概念形成了公司的焦点及营销的关键因素，在放大器上采用超宽带宽的目的是提供远远超过一般认为的人类听力极限——20000Hz的声音，在此之上，谐波和泛音产生"二次声音"，虽然人类听不见，但可以与其他频率相互作用以产生可闻的干涉。赫格曼开创的宽带宽先例为20世纪70年代和20世纪80年代的High-End设计师的工作奠定了坚实的基础。

Marantz

尽管在此期间其他公司取得许多开拓性的创新，然而Marantz（马兰士）最热切且最有远见地激发了未来时代High-End电子设计的灵感。正如音响传说中说的那样，1945年，住在纽约皇后区邱园的索尔·马兰士（Saul Marantz）对他的家用音响的声音非常不满意，因此他从1940年的水星汽车上取下了收音机，改在室内使用。但是，让汽车收音机在家中工作并不是件简单的事，马兰士不得不制造额外的设备来让它正常工作，这个过程导致他在1952年开发了第一款音响产品：一个专用的前置放大器，他称之为Audio Consolette（音频小控制台）。

Audio Consolette与众不同之处在于其完全首创的录音-均衡器功能，换句话说，它可以在播放来自不同公司的唱片时，保留它们各自的均衡（EQ）曲线。在LP的EQ曲线标准化之前，不同的唱片公司，诸如Columbia、RCA Victor和Decca等，都使用它们各自独特的均衡曲线，这意味着出品的每张唱片都带有预设的EQ设置，这个设置可能是多达100种或更多种不同频率组合中的一种，而"正确"聆听每一张唱片的唯一办法是使用具有与预设相同EQ设置的机器播放它。为此，Audio Consolette被设计成可以同时容纳36种不同的曲线。

1956年，Marantz聘请了工程师西德尼·史密斯（Sidney Smith），他领衔开发了该公司的Model 2和Model 5放大器。两年后，立体声前置放大器Model 7面市，Model 7成为史上最受欢迎的音响组件之一，让其他High-End前置放大器的销售黯然失色，并成为二手市场上热门的搜寻对象。一些值得注意的特点可以解释Model 7获得的高度赞誉，利用他在图形和工业设计方面所受的训练，索尔·马兰士开发了一种优雅的控制面板，采用精美的带有标题文字的香槟色金属件，突出显示手写体的"Stereo（立体声）"以强调这个新格式。在功能方面，它提供了大量的可选功能，最突出的是两个唱机输入和一个均衡拨钮开关、左右每个声道的低音和高音旋钮、磁带监听以及高/低通滤波器。它重达20磅，流淌着扎实与品质的气息。

Marantz强调分体，也就是独立的前置放大器和功率放大器，呈现了一条贯穿High-End思维的共同主线，但索尔·马兰士显然有助于将其融入发烧友的信念。分体方式背后的理念是将完全分开的功能最大化：前置放大器提升来自音源的低电平（微弱的）线路信号，而功率放大器则增强前置放大器馈送到它的线路电平。这种"增强"创造了我们通过音箱听到的音量。在1959年，为了与Model 7立体声前置放大器匹配，Marantz发布了它的第一款立体声放大器Model 8。到了20世纪60年代，当大多数的大公司要么委身给较廉价的产品，要么干脆失去了对High-End音响的关注，索尔·马兰士对品质的追求仍然坚定不移。这种原则性的理念最终令人遗憾地导致了公司的出售，但凸显了他对制作最佳产品毫不妥协的追求。

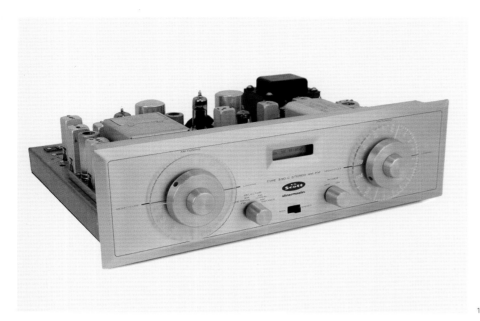

1.27

1.28

1.29

1.30

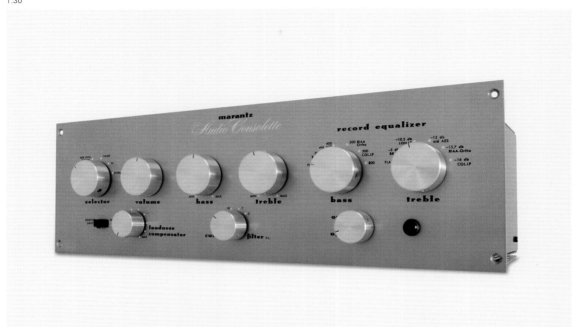

1.31

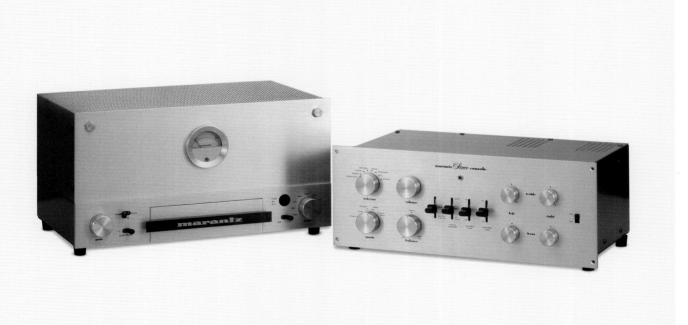

直到20世纪50年代，卓越的音箱技术和人才主要局限于电影院号角式音箱领域。然而，随着分体式Hi-Fi音响开始进入家庭客厅，在审美上那里容不下巨大的电影院号角，一个音箱（用于单声道）不行，两个音箱（用于最终出现的立体声）当然也不行。R-CA、Telefunken、Grundig和Zenith等公司的整体式立柜音响设计继续形成另外一种音响设计流派，但High-End思维与这种观点分道扬镳，倡导未来应发展分体式。

尽管High-End音响在20世纪50年代面临的挑战是随着分体组件的增长而开发更小的、家用尺寸的音箱，但是当时最主要的音箱制造商（如Altec Lansing、Jensen、Lowther和Tannoy等公司）仍然固守大号角设计。号角的优势在于它们具有非常高的效率——只需要很小功率的放大就可以大声播放。而那时由于扬声器单元的效率低，以及他们无法强有力地发射声音，都需要大型的号角负载式箱体。音响界不得不等到20世纪90年代才看到号角复兴生根发芽，这个复兴运动今天仍在热情地持续，并成为当代High-End产品线的重要部分。

Acoustic Research

在20世纪50年代，那时的理想是尺寸更小，更贴近生活的音箱，以一种不会影响音质的形式。但在一段时间内，制造这样一款具有足够的低频响应的小型音箱似乎是不可能的。在田园风光的背景下，纽约的伍德斯托克地区已经显示出蓬勃发展的"垮掉的一代"和音乐文化的开端，一位名叫埃德加·维尔丘尔（Edgar Villchur）的思想活跃的人道主义者找到了制造一个体积适中但听起来庞大的音箱的办法。除了在纽约大学任教和在伍德斯托克进行研究工作之外，他还研究了低频响应、效率和箱体尺寸之间的关系，最终发明了声学悬浮式（acoustic suspension）（译注：也称为气垫式，air suspension）扬声器。

和他的学生亨利·克洛斯（Henry Kloss）一起，维尔丘尔于1954年创立了Acoustic Research（AR）公司，随后他发明了直接辐射球顶高音单元，他还是第一个将声学悬浮低音单元与球顶高音单元一起使用的人。1958年制造的装有这两种单元的音箱——AR-3——是如此具有革命性，以至于现在有一个样品在华盛顿特区的史密森学会（译注：美国的一个由多个博物馆和研究机构组成的联合组织，其地位大致相当于其他国家的国家博物馆系统）永久展出。通过采用一个高音单元来处理高频，并设计一个小的密闭箱体来安装这些扬声器单元，这种"声学悬浮"原理可以让更小，更"空间友好"的音箱提供无失真的全频段播放。

乍一看，20世纪50年代的AR音箱看起来就像是你在祖父的阁楼上发现的满是灰尘的旧柜子，但这种感觉掩盖了这样一个事实：几乎每个现代音箱都采用了维尔丘尔的声学悬浮低音单元和球顶高音单元的和谐搭配。有一个稍晚一些的型号，AR-LST音箱，被普遍认为是该公司最高级的型号。AR-LST代表了实验室标准换能器，专门为专业用途而设计，它装有复杂的单元阵列，与它的姊妹型号相比，它能够处理更多的功率并播放得更响亮。由于其高输出能力，它具有一个开关，可提供六级输出调节。此外，AR-LST的多面形障板提供了极为广阔的声音扩散。它的影响力可以在许多其他品牌的音箱中找到踪迹，其中最著名的要数20世纪80年代Mark Levinson的极致High-End 的Amati音箱。

1.32	LST-2音箱，ACOUSTIC RESEARCH，1974年
1.33~1.34	AR-3A音箱，ACOUSTIC RESEARCH，1967年

1.32

1.33

1.34

Quad

任何关于这个10年音响设备的讨论，特别是音箱，都必须提到20世纪50年代音响名牌的旗手：Quad（国都）。

Quad是英国人彼得·沃克（Peter Walker）创建的公司，其名称源于沃克使用的称呼："优质放大器家用单元"或"优质家用放大器"，这取决于你读到的是哪种出版物，这是他对最佳纯粹音响的愿景。尽管沃克对放大器的洞察力为他赢得了1978年女王技术成就奖，以及众多的其他荣誉，但他对音响最突出和最著名的贡献是1957年发布的ESL-57音箱。这是世界上第一台量产的静电音箱，具有革命性意义，并且可以继续跻身于今天的最高端系统。ESL-57的纯净和中性为未来的音响设计师奠定了基准，但它很少被超越。一经发布，ESL-57就在广播电台和BBC演播室中奋力工作，在那里它被用于广播监听。

ESL-57的生产一直持续到1981年，到那时它被ESL-63取代。回首24年间音响竞技台上发生的变化，这是一个非凡的表现，并且无可辩驳地证明了这款音箱的长寿和追随者的忠诚。到了20世纪70年代，虽然大多数其他音箱都被遗忘了，但ESL-57仍然出现在许多创造性的布置当中——也被称作"堆叠Quad"，并由Mark Levinson在他的HQD系统中倡导（见第98~99页）。

Quad永恒的ESL-57被证明是20世纪50年代一个恰到好处的句号，因为在接下来的10年中音响将被带到一条充满分歧和戏剧性的道路上，偏离了彼得·沃克的崇高愿景。

1.35	ESL-57音箱，44前置放大器，以及405放大器，彼得·沃克，QUAD，约1979年
1.36	"QUAD：为了最接近原始声音"，Quad音响设备广告，约1975年
1.37	BBC监听室中的QUAD ESL-57音箱，20世纪50年代后期

1.35

1.36

1.37

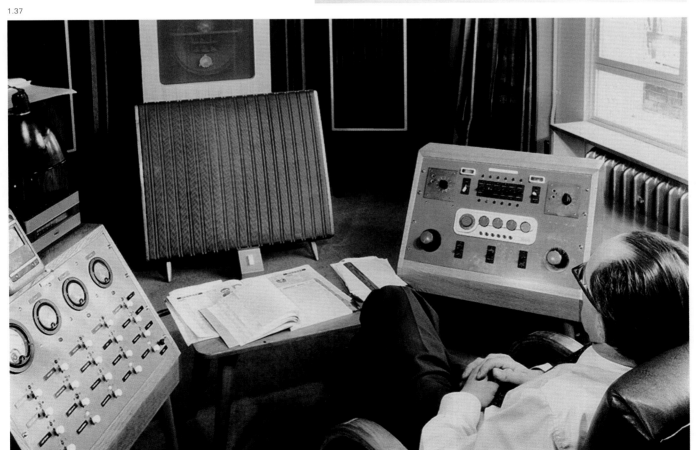

第2章

20世纪60年代　立体声变得丰满

第2章　20世纪60年代 立体声变得丰满

　　随着20世纪60年代的到来，Hi-Fi音响的存在从一种小众现象逐渐稳步地变得被主流所接受。立体声聆听在社交方面变得越来越普遍，青少年互相分享最新的热门曲目，或者他们的父母在鸡尾酒会上播放唱片，许多客厅都有某种类型的立体声音响，而High-End设备的工业设计彻底与过去的保守元素分道扬镳。太空竞赛点燃了人们对未来主义和科幻小说的兴趣，这反过来又提高了人们对Hi-Fi文化的接受程度，立体声音响成为当时电影和文学作品中描绘的一种梦寐以求的产品，特别是在比较年轻和富裕的单身男性当中。加入Hi-Fi的单身公寓（译注：单身公寓bachelor　pad，在20世纪50年代和20世纪60年代的英美文化中，被认为是有事业心的年轻人终极梦想的财产之一。典型的单身公寓包括酒吧、一系列艺术品、名家设计的家具、简约的装饰和高保真音响等，比如早期007电影中的住处）潮流的还有20世纪60年代的许多时尚杂志。许多杂志都提供高保真设备评论，并突出介绍最新的装备，这为那些技术性更强、以爱好者为受众的立体声杂志提供了另外一种途径，并把立体声音响的位置固定在现代单身公寓中典型的酒吧柜旁边。

2.1	"1969年的景象和声音"，某杂志立体声器材评论，1969年2月
2.2	"刚刚来自摩托罗拉"，MOTOROLA广告，1963年
2.3	PHILIPS留声机广告，1960年

2.1

SIGHTS & SOUNDS OF '69
the latest and best in hi-fi and tv—from solid-state compacts to stereo components and all-in-
one consoles; from miniaturized portables to large-screen color-tv sets and video recorders

$7700: Twin corner speakers in walnut cabinets that house separate bass and midrange horns and a horn-type
tweeter, $804 each, are designed to flank a Cornwall II speaker, $415, all by Klipsch. Electrostatic stereophones
have a level indicator in each earcup to protect against overload, by Koss, $95. Thorens turntable that features
a low-rumble transistor-governed motor, by Elpa Marketing, $175, can be used with an SME Series II independ-
ent tonearm, by Shure, $106.50, and an Ortofon S-15T stereo cartridge, by Elpa Marketing, $75. Model 7T solid-
state preamplifier, $325, can be coupled with two amplifiers, thus ensuring identical performance on both
channels, $790 the pair, all by Marantz. FM tuner flashes frequency numbers in the front-panel window, by CM
Laboratories, $1050. Model AG-440-2 tape recorder operates on ¼-inch and ½-inch tapes, by Ampex, $3070.

PHOTOGRAPHY BY ALEXAS URBA

2.2

FRESH FROM MOTOROLA...

Stereo for the man who has nothing.

*Mfr.'s suggested retail price. © 1969 Sony Corp. of America. Visit our Showroom, 585 Fifth Avenue, New York, N.Y. 10022

No turntable, no speakers, no amplifier, no tuner—nothing.

The Sony HP-188 stereo gives you everything you haven't got in one compact package.

A 4-speed BSR automatic turntable with cue-ing control for safe, easy record handling. And a featherweight cartridge we designed ourselves.

An FM stereo FM/AM tuner with FET circuitry in the FM for more sensitivity and less distortion.

An amplifier with all-silicon transistors.

And a pair of two-way high-compliance speakers for true high fidelity sound.

Everything is just $239.95.* (The HP-155, everything minus tuner, $179.95.*) So you'll have something left to spend on other lovely things.

The Sony HP-188. A complete stereo music system.

R

2.5

2.6

2.7

Electrohome

作为一家早期以电视机闻名的加拿大公司,Electrohome在20世纪60年代后期凭借尖端的未来主义音响设备登上巅峰。它们非常著名的产品之一是Circa 703立体声立柜式音响和附属的704发声椅(Sound Chair),根据公司的广告,它的特色是内置了位于耳朵高度的"精致平衡的立体声音箱",旨在将听众带"到明天的世界去……就在今天"。

Clairtone

另一家加拿大公司Clairtone通过其Project G立柜式音响抓住了"摇摆60年代"(译注:摇摆60年代,Swinging Sixties,是20世纪60年代中后期在英国发生的由青年人主导的文化潮流,强调现代性,主张乐观和享乐主义)的精髓。该公司由电气工程师彼得·蒙克(Peter Munk)创立,他和斯堪的纳维亚家具进口商及设计师大卫·吉尔摩(David Gilmore)一起成为音响定制设计师,为多伦多精英定制音响。蒙克和吉尔摩在1958年创立Clairtone公司时,其目标是将High-End电子技术与当代斯堪的纳维亚设计相结合。虽然这一时期大多数的立柜式音响设计师都着重投资于家具设计,而不是High-End音响,但Clairtone给予二者同等的重视。早期的Clairtone立柜式音响使用的来自Knoll International公司的小麦色细棉布下掩藏着Coral扬声器,这个扬声器是史上最好的宽频带扬声器单元之一。这个立柜式音响采用模块化设计的优雅的丹麦柚木连体柜,赢得了加拿大国家工业设计委员会奖,并在主要媒体上曝光——在当时这对于音响产品来说是不寻常的事。它还推动了公司奇迹般的崛起:1959年,年销售额为64.2万加元;到1963年,这一数字已增长到890万加元[1],而且Clairtone还在多伦多证券交易所上市。

然而,蒙克和吉尔摩带来的不仅仅是High-End立体声立柜式音响,他们是杰出的企业家,具有敏锐的时代感和"摇摆"文化。通过展示气派的营销噱头,他们渗透到高调的社交圈;到20世纪60年代中期,Clairtone的用户中有弗兰克·辛纳屈和奥斯卡·彼得森(Oscar Peterson)(译注:加拿大爵士乐钢琴家和作曲家,20世纪最有影响力和最成功的爵士音乐艺术家之一)这样的巨星,他们也帮助推广产品。Project G2曾出现在多部电影之中,如达斯汀·霍夫曼和安妮·班克罗夫特主演的《毕业生》、弗兰克·辛纳屈和迪恩·马丁主演的《金石奇缘》、托尼·贝内特主演的《奥斯卡》,以及由桑尼和雪儿主演的《欢乐时光》。20世纪60年代标志性的时尚摄影家欧文·佩恩受聘为其提供媒体宣传服务,进一步把Clairtone推到聚光灯下。

尽管Clairtone有效地把握了这个年代的"单身公寓"精神,但公司的管理技能未能使公司保持盈利。到1970年,该公司被加拿大新斯科舍省政府收购,股票最终退市。短暂的20世纪60年代将Clairtone视为其昙花一现的代言人之一,但该公司确实在这个年代的Hi-Fi文化中留下了自己的印记。

① Jamie Bradburn, "Historicist: Listen to Clairtone", Torontoist, February 15, 2014.

2.8

2.9

2.10

2.11　女演员塔斯黛·韦尔德与PROJECT G立体声音响合影，CLAIRTONE，1965年

2.12　CLAIRTONE内部模特卡西娅与G2立体声音响为该公司年度报告合影，1965年。这个早期型号装有T10外壳以及GARRARD唱机

2.13　安娜·吉尔摩，CLAIRTONE联合创始人大卫·吉尔摩的妻子，坐在阿恩·雅各布森蛋椅上为CONSIDER PROJECT G宣传册拍摄，1964年

2.11

2.12

2.13

· "Low-Fi" 力量兴起

随着高保真渗入20世纪60年代的主流文化，它开始受到竞争以及随之而来的廉价出口等商业陷阱的影响。20世纪50年代开始的专业的音响制造商专家团队，在20世纪60年代演变成了不计其数的品牌。

20世纪60年代"Low-Fi（低保真音响）"的诞生（与成功），以及High-End音响相应的暂时撤退，可以通过Marantz品牌的最高成就——10-B调谐器得到最好的理解，它可以说是有史以来最伟大的反映狂热理想主义的音响组件。10-B调谐器最独特的和最具识别性的特征是它采用阴极射线管（或称CRT）的绿色刻度显示，这一功能可以对FM广播进行视觉调谐，这几乎就是科学实验室级别的仪器，这样一个非凡的功能是否必要值得商榷，但它肯定有助于为调谐增添一种迷人的精度和20世纪60年代的科幻感。

在1965年5月接受*Audio*杂志采访时，记者问创始人索尔·马兰士是否相信他的新10-B调谐器会淘汰其他的调谐器，他回答说：

> "在某种意义上说，是这样的。这款调谐器的性能远远优于传统调谐器，如今任何想要或需要完美FM接收效果的人都别无选择，只能使用10-B。然而，它的卓越并不一定会淘汰传统的调谐器。劳斯莱斯当然制造了卓越的汽车，但它并没有淘汰雪佛兰。[2]"

然而，到1966年，这种对High-End音响的追求已经成为现实。在同年7月发表在*Radio-Electronics*杂志上的一篇题为"世界上最昂贵的FM调谐器"的文章中，作者彼得·萨特海姆（Peter Sutheim）特意总结了10-B的前景：

> Marantz 10-B就像劳斯莱斯或徕卡，是以一种对某些人来说可能是非常狂热的方式制造的产品。从最根本的选择某种特定的电路，而不是几乎同样可以完成这项工作的其他电路，到这里额外多一个电阻，那里额外多一级电路，Marantz10-B的设计目标是要比任何其他调谐器做得更好、更耐久，需要的维护更少。当然，所有这些都有代价，只有您才能确定它是否值这笔钱。[3]

当时，"这笔钱"的数目是让人泪眼汪汪的750美元——远远超出了许多潜在客户的能力范围，而且，具有讽刺意味的是，这个价格还不足以让Marantz盈利。正如索尔·马兰士告诉萨特海姆的那样："我们可能再也不会做这样的事情了，开发10-B花了大约25万美元，而我们最初定价600美元却在亏本。"[4]即使在价格上涨之后，10-B仍然在制造亏损，最终索尔·马兰士被迫认输并出售了公司。虽然该品牌在多个企业所有者的领导下继续生存，但索尔·马兰士热切的、以绝对高品质的方式制造的产品以10-B告终。幸运的是，10-B设计团队的关键成员理查德·塞克拉（Richard Sequerra）将在20世纪70年代的High-End复兴中凭借他自己品牌的晶体管极致High-End调谐器重新露面，代表着10-B理想思维的重生。

② "Mr. Saul Marantz Discusses his Revolutionary New Model 10-B FM Stereo Tuner", Audio, December 1964, 45.
③ Peter Sutheim, "World's Most Expensive FM Tuner", Radio-Electronics, July 1966.
④ Saul Marantz 同上所引。

2.14

2.15

固态首次登台

　　促使20世纪50年代的High-End绝对主义转向20世纪60年代大规模生产的另一个因素是通过固态电路引入半导体。固态的含义（简单地说，可能有点朴实）是在半导体等固体设备中保存和包含所有电子活动。在固态之前，制造商依赖于电子管，它完全由电压驱动，需要额外的输出变压器，而固态设备是由电流驱动，因此不需要输出变压器。许多在20世纪60年代采用固态器件的早期制造商并不是被它的音质所打动，很少有例外，因为当时的电子管设计实际上提供了卓越的保真度。然而，随着固态技术的成熟，竞争环境最终趋于平衡，到20世纪70年代，它能够达到非凡的高度。多年来，发烧友继续划分成两种思想流派（电子管的和固态的），分别捍卫两种相互竞争的设计和方法。

　　由于与电子管设计相比，固态元件提供了更高的可靠性，同时还具有更低的发热量（电子管还需要更多的维护和保养），因此它成为更实用的方法——实用性和便利性吸引了许多消费者远离纯粹的High-End音响。今天，音响的便利性概念已经变成在智能手机或计算机上访问音乐数字世界，但音响的舒适性和便利性概念在20世纪60年代首次扎根。

2.16　　VICTROLA 45车用唱片机广告，RCA VICTOR 及 CHRYSLER，1960年

2.16

2.17

2.18

　　尽管Marantz失败了，High-End音响在20世纪60年代较低的知名度，掩盖了许多成功故事以及它在不断变化的世界中的弹性。主要品牌变得更加小众、专业、专注以及深耕细作，比匆忙商业化的突发奇想更持久。

McIntosh Laboratory

　　1969年，伍德斯托克音乐节成为一代人及其音乐天才的象征。虽然关于伍德斯托克的讨论更多是围绕着它的音乐和艺术家，而音乐会本身的保真度很少被提及。然而，需要强大的放大器才能够将吉米·亨德里克斯（Jimmy Hendrix）和贾尼斯·乔普林（Janis Joplin）的表演输出给成千上万的与会者，而选用的放大器来自纽约宾厄姆顿的McIntosh（麦景图），一家专注于High-End音响设备的公司。

　　McIntosh的故事因其登上Hi-Fi名人堂而闻名。该公司的历史可以追溯到1949年，虽然历经了接管和转型，但仍然坚定不移地致力于提供优质的工艺、始终如一的美学设计和卓越的声音。

　　就像克莱门特·阿德、托马斯·爱迪生、索尔·马兰士以及其他不安分的音响思想家一样，创始人弗兰克·麦金托什（Frank McIntosh）对他那个时代的音响产品也不满意，并确信他可以改进它。他对创新——更准确地说，是一款功率非常高且失真度低的放大器——的渴望促成了他的同名公司的诞生。作为一名著名的合作者，他聘请了他所能找到的最优秀的人才来实现他的梦想，其中，戈登·高（Gordon Gow）和安东尼·科德曼（Anthony Crderman）都是优秀的工程师，他们为产品研究、开发和公司愿景做出约40年的贡献。

　　兼具低失真的高功率概念很早就通过该公司的"统一耦合（Unity Coupled）"电路实现，多年来一直嵌入McIntosh的DNA之中。撇开电路不谈，持久可靠的绿色发光徽标、蓝色输出电平仪表和丝印玻璃面板也成为McIntosh设计的固有组成部分。然而在20世纪60年代，引人注目的电子管展示才最容易与该品牌的设备联系起来。

　　到了这个年代的后期，McIntosh对晶体管放大器设计发起了探索性的进军——对于一家与电子管有着强烈联系的公司来说，这是一个大胆的行动，但是这一行动超出预期，并推出了一些听起来最好的晶体管High-End电子产品的早期例子。1967年，该公司的第一款晶体管放大器MC2505为McIntosh未来的设计蓝图指明了道路。

　　McIntosh的传奇故事一直延续到接下来的几十年。它是为数不多（有些人会认为是唯一的）创立时就是，到今天仍然存在的High-End音响公司之一，它所有的进步都与它的过去以及对制造品质和音乐沉浸感的High-End属性的坚定承诺有关。

2.17　　汽车唱片机广告，PHILIPS，约1962 年

2.18　　小萨米·戴维斯，在伦敦一家餐馆与朋友共进午餐时播放唱片，1962年5月7日

2.19

2.20   MC240放大器在MCINTOSH工厂生产,纽约宾厄姆顿,20世60年代中期

2.21   弗兰克·辛纳屈和他的狗RINGO在他的客厅,加利福尼亚州棕桐泉,1965年。图中为MCINTOSH C22前置放大器(右上)

2.20

2.21

2.22

2.23

2.24

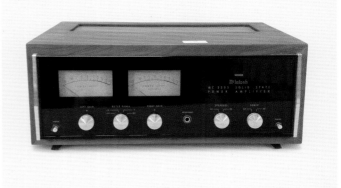

Bose

不安分思想家俱乐部的另一名成员是阿马尔·博斯（Amar Bose）博士，他于1929年出身于费城的一个印度移民家庭，好奇心陪着他度过了童年。小时候，他被发现"将螺丝刀插在电源插座上，然后在地板上滚来滚去。"[⑤]幸好，到了13岁，他已经毕业并从事更安全的工作，修理收音机以补贴家用，甚至用燃油器零件制作了一台电视机。

这种好奇心无疑促成了Bose品牌的成功，并最终让它的音响相关的产品无处不在。在麻省理工学院学习期间，阿马尔·博斯的好奇心开始收窄，最终专注于音响，正如他在2004年接受*Discover*杂志采访时所说的：

> "我从7岁到14岁学习小提琴。我喜欢音乐，在麻省理工学院的第9年，我决定买一套Hi-Fi音响。我以为我所要做的就是查看参数表，所以我买了一套看起来最好的，打开，5分钟后关掉，声音太差了，我很好奇，想知道这是为什么。1956年春天，我获得富布赖特奖教金前往印度任教，晚上阅读声学书籍。在音乐厅里，只有一点点声音是直接传给你的，大部分是经过房间表面多次反射后到达的。每次反射只有大约2%的声音被吸收，所以那里有很多很多的反射。然而，人们一直在设计只向前辐射的音箱。我们和波士顿交响乐团一起做了很多年的实验，我们测量了声音到达观众耳朵的入射角，然后将测量结果带回麻省理工学院对其进行分析。[⑥]"

换句话说，不论在字面上还是在比喻上，Bose博士都是在箱子外面思考——更重要的是，远离箱子的前部，虽然传统的观点是将扬声器单元安装在前障板上，直接对着听众。他的整体分析法更侧重于心理声学，强调人类感知和体验音乐多个层面的不同方式，包括心理学的、声学的和电学的原理。

到1966年，Bose创造了他的第一款音箱2201。它被设计成放置在房间的角落以增强空间性能，与仅仅面向聆听者的向前发声的单元相反，装有不同于传统的多个朝向的扬声器单元阵列，便于它们从空间的所有表面反射声音。Bose认为，当扬声器向前发声时，只有一小部分声音到达听众，不如战略性地放置多个单元从墙壁、天花板和地板反射声音，从而创造出更具包围感的立体声体验。[⑦]

在2201发布之后，Bose扩展了他对反射声理论的研究，结果是他对反射声更加强调了，而不是直达声，或者2201的点-源平衡。融入了这些变化的型号是901，901有8个非直达声单元和1个直达声单元，充分实现了Bose的概念。901于1968年发布，成为Bose品牌的一个标志性产品，获得了长时间的生产，同时也赢得了许多忠实拥护者的青睐。虽然不是每个发烧友都喜欢，但毫无疑问，901在音箱设计上留下了持久的印记，更重要的是，在高保真音响的心理声学的关键研究中留下了持久的印记。

⑤ Amar Bose 引自Roxana Popescu, "Spotlight: Amar Bose, the Guru of Sound Design", New York Times, May 11, 2007.
⑥ Brad Lemley, "Discover Dialogue: Amar G. Bose", Discover, October 1, 2004.
⑦ "The Speakers that Started It All", Bose company newsletter, accessed November 2017.

2.25

2.26

2.27

2.28

2.29

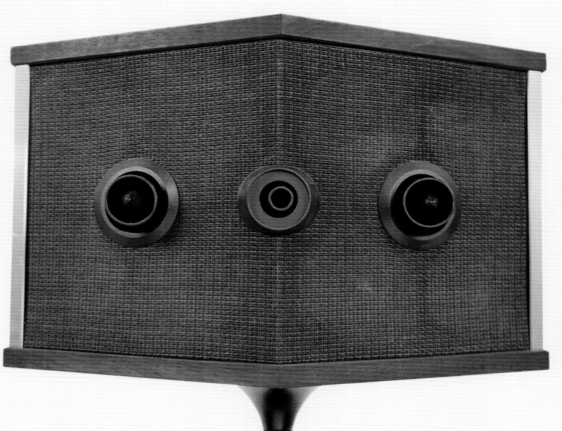

Klipsch

有许多音响公司为音响的诠释和概念的革新做出了贡献，然而，只有一家公司可以宣称单个扬声器设计的连续生产时间最长，长达70年，这家公司就是Klipsch（杰士），由保罗·克利普施（Paul W. Klipsch）在阿肯色州创立。考虑到有多少早期公司已经倒闭，或者即使仍然活跃，提供的产品与它们最初创造的创新性产品也相去甚远，这是一个相当惊人的成就。

Klipschorn（杰士号角）音箱与同一时代的Bose型号完全不同。简单地说，Klipsch品牌成为号角加载式音箱的拥护者，并且坚定不移地秉持其创始人的信念，认为只有号角才能实现最高的保真度。虽然体积比早期的号角型号小一些，但与同时代的音箱相比，Klipschorn的体积仍然相当大，它的尺寸要求将它放置在房间的角落，利用墙壁作为号角的延伸，以增强低音响应。中音和高音由两个与压缩驱动器匹配的号角声透镜处理，而低音则是由一个大型15英寸低音扬声器处理。扬声器在后部开口，使用房间的边界来帮助实现非常高的灵敏度，促进了使用极低功率的三极电子管设计。Klipschorn超越了仅仅是在High-End的号角/三极电子管复兴之中残存的地位，为这一领域奠定了坚实的根基，该领域最终蓬勃发展，特别是在亚洲发烧友群体之中，在那里，号角和低功率电子管放大器最受青睐。

保罗·克利普施关于号角的所谓卓越的动态范围、低失真水平和出色的频率响应的倔强观点，增加了他已有的古怪名声。他有一个出了名的行为，在外套内侧藏着"胡扯"一词——这个词是Klipsch对音响行业中某些人的回应，这些人提出的所谓"突破"被他认为是古怪主张[⑧]。也许是公司创始人这种古怪的特质塑造了该品牌70年来的韧性，使Klipsch成为所有的——不论是过去还是现在——号角文化的领导者。

2.30　"KLIPSCHORN：宽声场立体声"，三声道立体声系统广告，KLIPSCH，1959年

2.31　PAUL KLIPSCH与KLIPSCHORN音箱在KGI消声室，印第安纳州印第安纳波利斯，20世纪80年代初

2.30

⑧ "Bullshit", Klipsch company website, accessed November 2017.

2.31

2.32

Tannoy

除了心理声学研究以及号角的支持者，其他公司还采用了同轴单元，将高音单元装在中低音单元后面。这种方法试图整合来自准集中式声源的不同频率，努力创造无缝的、紧密结合的声音。

Tannoy（天朗）是一家在20世纪20年代成立的英国公司，它创建了自己的商标Dual Concentric（双同轴），以践行同轴概念。它生产的这些大型扬声器单元很多制造得非常好，具有强大的铝镍钴型磁铁和高灵敏度，尽管不如压缩驱动器那么高。在20世纪60年代的音响巨变中，Tannoy坚持其原则并持续运营至今，仍在制造Dual Concentric单元，为一个相当大的复古市场服务。

Lowther

同轴扬声器使用两个同心的元件来产生全频段的声音，但是"全频"音箱与之不同，它使用单个元件来控制锥盘运动，通常采用"whizzer cone（高音杯）"（附在音圈和主锥盆交界处的小锥盆）或者辐射球顶来增强并实现更高的频率。由于这些类型单元的低音响应有限，因此它们通常安装在号角加载的箱体中或者使用额外的低音单元来协助。

全频音箱的概念化及其潜力是由约翰·沃伊特（John Voight）和他的朋友O. P.劳瑟（O. P. Lowther）在20世纪30年代推动的，他们来自英国的Lowther制造公司，这是扬声器单元设计史上又一个著名品牌。第二次世界大战以后，Lowther的总工程师唐纳德·蔡夫（Donald Chave）收购了该公司，并开始实施沃伊特的锥盆生产。作为这一努力的结果而生产的单元有20世纪50年代和20世纪60年代的PM6、PM2、PM4和TP1扬声器，全部都因其高磁场强度和高音质而被认为是传奇。PM4A金属外壳的工业粗糙度与外观严肃的磁体以及显眼的高音杯/球状相位塞相结合，再引人注目不过了。

2.33

2.36

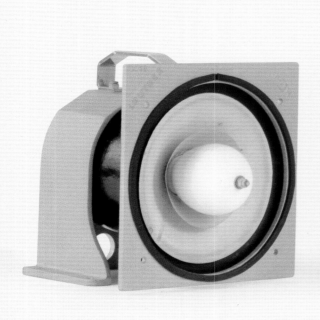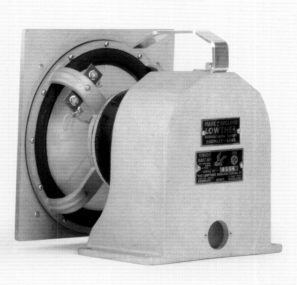

2.37

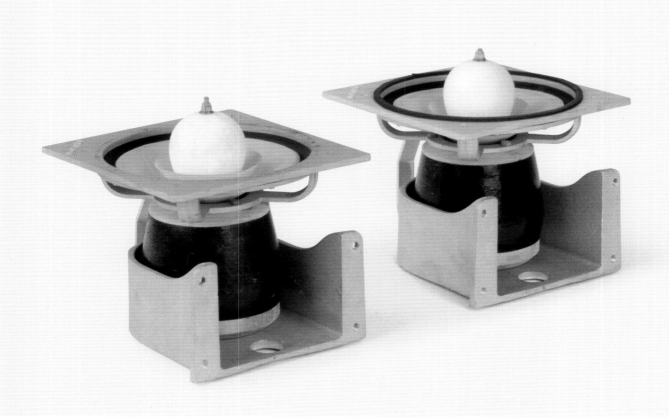

JBL

现代JBL产品常常与录音室监听音箱或其他专业舞台换能器联系在一起，显然不同于20世纪50年代和60年代苦心设计的产物，后者使JBL在复古High-End领域站稳了脚跟。通过创造一个豪华音响市场，JBL的Hartsfield、Paragon和Metregon音箱力求制作出与精巧的家具设计相匹配的最高级别的声音。

Paragon由阿诺德·沃尔夫（ArnoldWolf，1970年成为JBL总裁）设计，灵感来自理查德·让格（Richard Ranger），这是当时最昂贵和最豪华的音箱，在1958年要花费1830美元的天价。到20世纪60年代，JBL声称音箱需要112个工时才能完成，并提供橡木、胡桃木、桃花心木、桦木、柚木、花梨木、黑檀和古董白色饰面。Paragon项目的运营时间约为25年，JBL曾在工厂中单独为它分配了一个空间。[9]

在吸引音响设计鉴赏家的品位（还有钱包）的同时，Paragon采用了一种成功而独特的声音传输方法，在当今的国际音响行家中极具收藏价值。它甚至得到了艺术界的认可——该型号在洛杉矶县艺术博物馆（Los Angeles County Museum of Art）重点展出，作为其2011—2012年"加州设计，1930—1965：以现代方式生活"展览的一部分。[10]

音箱背后的工程技术解决了Bose和Klipsch及其他公司所面临的与声音扩散及与方向性有关的相同问题，特别是在引入立体声之后，听众没有坐在两个音箱之间的中心时存在的问题。为了在房间的不同地方创造一致的声音，让格率先采用"折射系统"概念来达到最佳扩散，其驱动器单元的声音在弯曲的表面上折射，从而产生一个宽大、整体的声场，无论听众身处何处。

在20世纪60年代音响的所有变化形式中，无论是太空时代的幻想舱、注入单身公寓概念的市场营销、半导体、廉价出口以及各种程度的商业平庸，JBL Paragon以及其他种种设备所预言的重新振奋的High-End场景开始变得清晰。下一个10年，这些最终将以真正现代的High-End音响到达顶峰。

2.36~2.37　PM4 铝镍钴磁体单元，LOWTHER，1950 (此款，20世纪60年代)

⑨ Andrew Everard, "Arnold Wolf, 1927—2013: From JBL's Monster Paragon to the Best Selling Speaker of the 1970s", What Hi-Fi?, April 30, 2013; "Paragon", Lansing Heritage, accessed November 2017.
⑩ Lizzie Bramlett, "California Design 1930–1965", The Vintage Traveler, May 29, 2012.

2.38

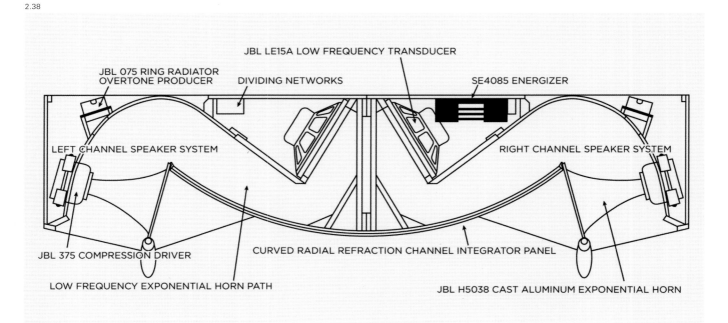

2.39

2.40

第3章

20世纪70年代　　High-End音响的诞生

· 　　磁带上的声音

　　将20世纪70年代标记为High-End开盘机和盒式磁带卡座的模拟设备天堂并不会太离谱。除了LP，预先录制的磁带已经随处可见而且听起来不错，而空白磁带成为录制LP或FM广播的理想介质。虽然开盘机仍然是极佳的磁带机器，但是它们工业用途的大尺寸和专业吸引力将它们推向了更小众的发烧友群体，而较小的盒式磁带卡座则提供了更大的灵活性和易用性。随着汽车制造商开始将盒式磁带作为标准设备提供（以取代体积大得多的8轨格式）以及便携式磁带播放器的出现，用途广泛的盒式磁带获得了认可。不过事实证明，进入High-End音响市场是一个缓慢的过程，如果不是有时停滞不前的话。

　　尽管飞利浦在1962年就发明了紧凑型音频盒式磁带（产品的全名），但是直到1971年这种格式才在High-End制造商中获得青睐，那时Advent公司推出了开创性的201磁带卡座，能够进行杜比降噪，并且可以兼容质量更高的二氧化铬磁带。随着201磁带卡座的发布，Hi-Fi世界显然已经准备好把盒式磁带的地位提升到High-End领域。这些机器开启了这个年代的音响话题，因为它们独特地体现了高度复杂性，在狭小的空间内充满了微型部件。他们还让爱好变得有趣，让发烧友变成了业余录音艺术家，而便携性概念逐渐融入了商业精神。

　　虽然20世纪70年代出现了大量的高品质盒式磁带卡座，但有两个品牌因为坚定地追求完美而占据了极致High-End的主导地位：日本的Nakamichi和挪威的Tandberg。在开盘机设备方面，瑞士的Studer-Revox名列前茅。

3.1

Nakamichi

对于许多70后和80后发烧友来说，如果没有Nakamichi（中道）盒式磁带卡座，添置音响的仪式将是不完整的。Nakamichi由中道悦二创立于1948年，该公司对磁带录音的低噪声进行了大量的研究，并创造了精密的磁头。在20世纪60年代后期，Nakamichi帮助其他公司，即Advent和KLH，开发早期的卡座。而到了20世纪70年代初，它发布了自己品牌的机器，其中最著名的是1000 Tri Tracer，这台机器让那些磁带怀疑论者也开始相信这种格式的潜力。

在当时，1000 Tri Tracer在磁带卡座中的地位，就像Marantz 10-B在调谐器中的地位一样。型号名称中的"Tri"元素指的是分别用于录制、播放和擦除功能的三磁头系统，该装置具有极低的噪声，而且该公司宣称频率响应超过20000Hz。此外，独特的磁头方位角调节指示使录音和回放更加准确，在盒式磁带术语中，方位角是指盒式磁带磁头与实际磁带之间的角度，理想情况下应为90°。

Nakamichi的700卡座是1000的缩小版，它的价格不如后者那么高昂，但拥有类似的性能，包括集成电路（或称IC，一种微芯片）逻辑磁带传输和电磁阀控制，在1973年对于磁带卡座来说这是一个巨大的成就。700的第二次迭代版本于1977年发布。与1000和700型号的三磁头超级平台不同，该公司在600、500和400系列卡座中也提供了双磁头版本，这是它在这一年代生产的最实惠的型号。

到了20世纪70年代末，Nakamichi已经建立起录音和播放的多磁头哲学，这将在接下来的10年被转移到该公司开创性的Dragon和CR-7卡座上，这种特殊的平台也将出现在20世纪80年代和90年代大多数磁带卡座设计之中。

磁带卡座便于移动的特点让它明显不同于LP唱机以及开盘机，也使得Nakamichi可以在便携式High-End版本中发挥其潜力。然而，Nakamichi的目标并不仅仅是便携性，而是杰出的声音。电池供电的Nakamichi 550于1974年推出，具有2个磁头、4个音轨和2个声道，具有3个话筒输入、杜比B降噪、MPX滤波器和校准工具，以及一条肩带。它仍然属于该公司的顶级设备，接下来的型号是350和250。Nakamichi在High-End磁带卡座设计方面的革命，加上其先进的便携性方式，使其成为谱写20世纪70年代High-End音响市场的共同作者。

3.2　700II三磁头盒式磁带系统宣传册，NAKAMICHI，1977年

3.3　600双磁头盒式磁带控制面板，NAKAMICHI，1975 年

3.2

3.3

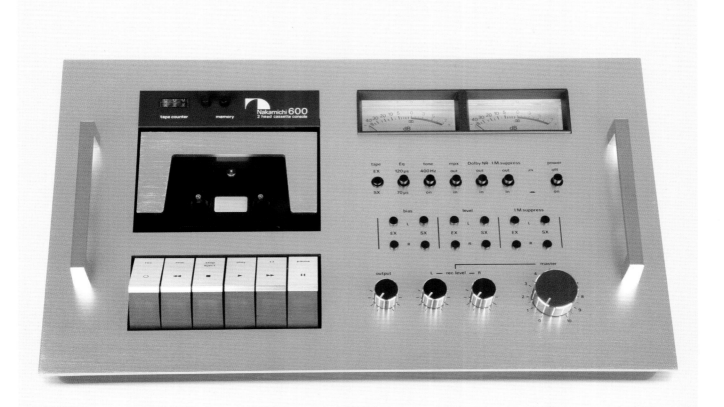

3.4

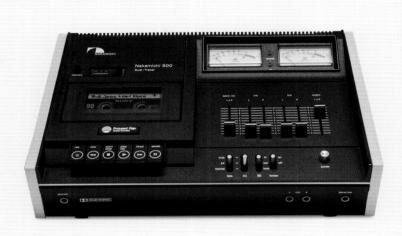

3.5

3.6

3.7

Tandberg

　　想到挪威，人们通常不会想到High-End音响，但是有一家位于奥斯陆的公司为High-End模拟设备做出了突出而且重要的贡献。Tandberg公司的起源可以追溯到20世纪30年代，当时它名叫Tandberg Radiofabrikk，其重点是收音机，最著名的型号是Huldra和S lvsuper。在20世纪50年代和60年代，Tandberg转型生产录音机。在20世纪70年代初，它先是将领先的开盘机和磁带卡座引入挪威市场，然后进入更广阔的全球市场。其磁带卡座的质量可以从公司内部设计和制造的传输机制中明显看出，这种机制因其流畅和连续的磁带路径而受到赞扬——这是做到游刃有余的模拟重放的先决条件。随着Tandberg资历的迅速确立，它与Nakamichi的持续竞争随之而来，"哪个更好"的辩论似乎永远存在。

3.8	"让TANDBERG提升你的聆听体验"，TANDBERG音响设备广告，1978年
3.9	TANDBERG音响设备广告，1975年
3.10	TCD 300盒带卡座，泰耶·埃克斯特罗姆，TANDBERG，1972年

3.8

3.9

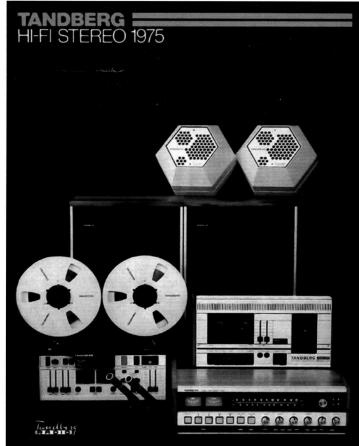

3.10

3.11

3.12

Studer-Revox

Studer成为瑞士最杰出的High-End音响出口商，更具体地说，是开盘机和磁带卡座出口商。Studer这种水平的音响完美主义催生了瑞士下一代的极致High-End设备品牌，在20世纪80年代和90年代，它们以Ensemble、FM Acoustics、Goldmund、Pawel Acoustics和Swiss Physics的名称次第绽放。

Studer公司成立于1948年，当时名为Willi Studer，以它的所有者的名字命名。从最早的Dynavox型号开始，该公司迅速在专业磁带录音机领域确立了卓越的地位。1951年，该公司创建了Revox（瑞华士）品牌，Studer品牌主要集中在专业市场，而Revox则是针对业余和家庭高保真用户。由于这种专业-业余品牌的共生关系，Revox录音机立刻就在High-End领域赢得了信誉。

20世纪60年代，Studer的多轨录音机不断出现在世界各地的重要录音棚中。1967年，当伦敦的阿比路录音室（译注：Abbey Road Studios，创建于1931年，位于伦敦阿比路3号，曾用名EMI录音室；1970年为纪念披头士的专辑《阿比路》而更名。2010年被列入英格兰遗产。）采用最先进的Studer J37多轨机器录制披头士乐队的《Sgt. Pepper's Lonely Hearts Club Band》专辑时，该公司已经很高的知名度再次得到提升[1]。在它的"专业老大"这个威望的支持下，家用的Revox品牌强势进入了20世纪70年代的模拟High-End音响发烧友市场。

3.13　威利·斯图德与 REVOX B795 唱机、B77 磁带录音机、B780 放大器及 B710 盒式磁带，奥利维尔·加洛斯摄，瑞士苏黎世，约1984年

---

① "Behind the J37 Tape", Waves, October 15, 2013.

3.14

3.15

3.16

Mark Levinson

在Nakamichi、Tandberg和Revox等杰出磁带播放器的模拟设备环境中,放大器和前置放大器领域也在同步发展,与这些音源组件相结合,共同创建完整的最高阶的播放系统。在20世纪70年代初,年轻而充满激情的马克·莱文森(Mark Levinson)成为High-End音响崛起的化身。1972年他在康涅狄格成立公司时,莱文森聘请了约翰·柯尔(John Curl)和托马斯·科兰杰洛(Thomas Colangelo),招募了一些他那个时代最伟大的工程人才。这种合作所生产的音响组件可以说定义了那个年代的最佳保真度,同时也体现了"极致"的外观和声音。显然是受到索尔·马兰士的启发,Levinson也追求音响的极致High-End。

在放大器和前置放大器方面,莱文森主张一些象征其品牌精神的设计原则,在核心方法上,他在放大器中追求A类电路结构。放大器中的A类由于电路始终处于导通状态,因此实现了所谓的高纯度声音。然而这是有代价的,因为它会消耗大量的电源供应,并且由于这种结构通常产生的高热量,零件会加速老化。相反,AB类或B类设计的电路中需要连接元器件(connected devices),因此增加了额外的成分,但它们确实运行得更高效,这也就是为什么尽管对于许多人来说A类放大器是理想的选择,这些"较低级的"放大器类型仍然在发烧友中获得了同样(如果不是更多)的支持。

莱文森的第一个放大器ML-2采用了A类电路,尽管音箱每个声道只提供很小的功率——25W@8Ω,但它提供了驱动具有不稳定阻抗的音箱——例如Quad ESL-57——所需的高电流和电压。Levinson本人曾经在他巨大的HQD系统中使用两对Quad静电音箱,以获得最佳效果。

到了20世纪80年代,马克·莱文森离开了Mark Levinson品牌。他后来继续建立了Cello Music & Film System,这是另一家极致High-End企业,延续他娴熟的音响设计。在莱文森离开之后,他的公司继续制造最高级的设备,推进其创始人设立的高标准和传统。

Audio Research

如果说莱文森在20世纪70年代坚持了完美主义的晶体管设计,那么Audio Research(音频研究)对电子管也做了同样的事。Audio Research由威廉·赞恩·"比尔"·约翰逊(William Zane "Bill" Johnson)于1970年创建,在电子管放大器领域取得了立体声音响的明星地位。许多Audio Research功放常常搭配当时流行的High-End音箱,如Magnepan、Quad、Infinity、Acoustat、Dahlquist等。

不妥协的制造品质中体现出的热诚而果断的设计,很早就为公司树立了模范的口碑。Audio Research的产品是评论家们的宠儿,他们拿它与其竞争对手进行比较,并得到了电子管爱好者长时间的追随。在20世纪70年代,Audio Research沿着之前最高级电子管设计师的道路继续前进,同时巩固了电子管在High-End音响世界中历史悠久的地位。

3.17 　　HQD系统广告,MARK LEVINSON,20世纪70年代末

3.18 　　JC-2前置放大器与PLS-150电源,约翰·柯尔,MARK LEVINSON,1974 年

3.17

The HQD System is designed to offer the finest
possible sound quality as well as high reliability
and freedom from obsolescence.

It may be regarded as a final purchase.

3.18

3.19

3.20

3.21

3.22

Threshold

回到20世纪70年代的晶体管部分，另一家公司带着自己的划时代产品进入了这个领域。在尼尔森·帕斯（Nelson Pass）和勒内·贝斯内（René Besne）于1974年创建Threshold的时候，他们已经开始从事音响工作，并将帕斯的电路天才和贝斯内的工业设计融入他们最初创造的放大器800A和400A之中——二者都是A类放大器。与Mark Levinson的每声道25W的ML-2有所不同，800A每声道提供200W，稍迟一点出品的400A每声道为100W。贝斯内因为在设计中巧妙地应用了玻璃和灯光而获得赞誉，这使得Threshold的产品与其他品牌的呆板风格拉开了距离。

1977年，Threshold发布了Stasis 1放大器，这是一款备受赞誉的A类放大器杰作，每声道提供200W的功率。由帕斯设计的Stasis成为该品牌的象征，确保了它在下个10年的影响力。这种放大器的电路设计甚至被某些Nakamichi放大器采用。其特点正如 *Stereophile* 杂志的出版商戈登·霍尔特（J.Gordon Holt）曾经解释的那样："在大多数放大器中，电压放大级用于驱动输出晶体管，然后输出晶体管再驱动扬声器。在Stasis的设计中，电压放大器直接连接到扬声器。"[2]

尼尔森·帕斯最后离开了Threshold（现在叫作Threshold Audio），继续以他和贝斯内创造的宝藏为基础，建立了自己的品牌Pass Labs。

3.24 　400A放大器，尼尔森·帕斯，THRESHOLD，1976年

[2] J. Gordon Holt, "Threshold SA-1 Monoblock Power Amplifier", Stereophile, October 8, 2006.

3.24

在20世纪70年代美国的High-End复兴的同时，High-End也在大西洋彼岸的英国蓬勃发展。然而，英国的发展有所不同，它具有独特的美学和坚定的声音特点。

大多数美国High-End放大器都越来越大，具有张扬的外观和更高的额定功率。然而，英国放大器采用了较小的规格、更温和的设计精神，但是洋溢着技术技能。特别是两家英国公司，他们坚定不移地决心不仅要创造自己的品牌，还要创造一种声音哲学，以代表一套近乎偏执的聆听偏好，他们是Linn和Naim。

Linn Products

一直到20世纪70年代初，人们似乎理所当然地认为，声音重放中最具决定性的因素是音箱，而不是放大器、前置放大器或音源组件。在制造业、媒体以及发烧友圈子中，显然都认为音箱是声音完美的关键。但是Linn（莲）的苏格兰创始人艾弗·铁芬布伦（Ivor Tiefenbrun）提倡"音源优先"和"输入垃圾，输出也就垃圾"的观点，颠覆了传统认识[③]。他认为，无论音箱或放大器有多好，如果音源质量较差，重放的声音就会大打折扣。

铁芬布伦在得到他的第一个最先进级别的立体声系统后接受了这种不一样的观点。起初，他对它的性能感到失望，因而设法让它听起来更好，最初是通过改变音箱的摆位来达到效果。但是，当他把唱机搬到另一个房间，从唱机上引出一根线到放置放大器和音箱的房间时，他顿悟了，他立即发现声音得到极大的改善，因而他得出结论：音箱产生的声音即时反馈到唱机，对声音产生了不利的影响。这促使他设计了一种免受声学反馈影响的唱机——悬浮副底盘唱机。铁芬布伦的首要目标是尽可能地在机械上隔离唱机，使振动无法穿透唱机结构，从而产生更加线性的、完美的信号。在这些构思的推动下，铁芬布伦发布了他的第一款产品Linn Sondek LP12——第一台现代High-End唱机，已经生产了四十多年。

艾弗·铁芬布伦努力确保他的经销商准确地宣扬他的Linn。客户接受如何聆听的培训，使他们能够欣赏其中的差别。因此，尽管Linn的经销商从根本上说是立体声音响推销员，但也可以说他们扮演了截然不同的角色——Linn的传播者。Linn的产品没有提供使用手册，经销商将使用指南口头传达给客户。[④]

到1973年，Linn Products公司发布了第一款音箱——Isobarik，它在密闭箱结构中并行使用了两个低音单元，这种设计技术使得Linn不必使用更大的箱体就能够增加低音的频率响应。Linn在著名发明家、RCA工程师哈里·奥尔森（Harry Olson）20世纪50年代初的等压（Isobaric）工作的基础上，复兴了这项技术并取得了巨大成功。[⑤]使Isobarik（这个名字在希腊语中是"相等重量"的意思）方法良好工作的一个决定性因素是低音单元的质量，这些低音单元是由另一个英国品牌KEF制造的B139，它们可以提供极为快速而且紧实的低音响应。与号角音箱没有什么不同，Isobarik也得益于放置在靠近房间边界的地方，这有助于提升低音响应。

2011年，*Stereophile*杂志副主编阿特·达德利（Art Dudley）总结了Linn的扬声器摆位信条，尽管有点讽刺意味：

③ Jez Ford, "Linn joins Advance Audio", Sound+Image, July 28, 2011.
④ Richard Hardesty, "Interview with Ivor Tiefenbrun", Audio Perfectionist Journal 15, 2006.
⑤ Steve Harris, "Linn Isobarik", Hi-Fi News, November 2011, 132–6.

在20世纪70年代和80年代，Linn Products有限公司销售的音箱设计为安装在房间边界附近。不仅如此，Linn还特别声明（用它的追随者必须遵循的说法）：其他类型的音箱缺乏优点，任何设计、制造、购买、销售或积极评价远离房间边界安装的音箱的人都是傻瓜。公平地说，Linn当时的营销模式是尽可能面对面地推广其理念——必须承认，其中许多想法是很有见地和有用的——显然是希望将持不同意见者欺压到沉默。令人惊讶的是，它居然奏效。[6]

Linn使发烧友的战场两极分化，这对于音响产品来说并不算特别。但是，由于只有唱机和音箱，其市场范围有限。该公司需要功率放大器和前置放大器来完善产品线。也许是天意，另一家英国公司与Linn同时出现，书写了一大段High-End音响历史，它就是Naim。

3.26　SONDEK LP12唱机广告，LINN，1973年

[6] Art Dudley, "Listening #97", Stereophile, January 25, 2011.

3.26

3.27

3.28

3.29

Naim

当朱利安·韦雷克（Julian Vereker）于1973年创立Naim时，Linn的艾弗·铁芬布伦刚刚发布了LP12唱机，两人很快就相遇并且一拍即合，发现他们有着非常相似的Hi-Fi哲学，以及一起营销的共同愿景。

Naim（茗）的第一批产品是NAP 200、NAP 250放大器以及NAC 12前置放大器，这些设备与Linn Sondek LP12唱机以及Isobarik音箱搭配，构成了一个和谐的协同系统，通常由特别选定的经销商销售，他们强调单一、专注和整洁的演示。Naim的产品和设计运营了很多年，也影响了英国后来的Cyrus和Onix的产品。在20世纪70年代以及80年代初，Linn和Naim一起迅速发展，但是到了20世纪80年代中期，Linn发布了自己的功放等产品，而Naim也推出了自己的音箱，导致二者分道扬镳。

尽管被一些发烧友描述为"地平论者"（译注：flat earthers，相信地球是平面的而非球形的人），20世纪70年代的Linn-Naim的合作伙伴关系建立了一种根深蒂固的音响思维，体现了对声音品质真正的High-End奉献。

KEF

在Linn设计其Isobarik音箱时，大多数单元来自本地的Kent Engineering & Foundry（肯特工程铸造），也称为KEF公司，是一家在高科技研发方面享有盛誉的音箱公司。KEF由前BBC设计工程师雷蒙德·库克（Raymond Cooke）和罗伯特·皮尔奇（Robert Pearch）于1961年创立，皮尔奇的父亲建立了最初的铸造厂。库克之前的职业关系使得KEF与BBC的研究部门在20世纪60年代和70年代建立了密切的合作和业务关系，BBC工程师设计了由KEF制造的演播室广播监听音箱。最早的版本称为LS5/1A，后来它演变成1974年的LS3/5A录音室监听音箱，它是专门为狭窄的远程广播车设计的，目的不是High-End，本质上更多的是为了实用。

然而，与预期的相反，这款不起眼的小型监听音箱售出了超过5万对[7]，而且有多种版本。由于BBC拥有版权，因此该监听音箱被授权许多公司，每家公司都在经典设计上加入了自己的特点，多年来制造了大量的LS3/5A产品，但KEF是第一个确定其标志性声音的公司。

如果温柔的音箱必将继承地球，那么它就是LS3/5A了——不仅仅是因为它不起眼的外观，还因为它独特的中音品质。虽然有些人将它的声音描述为阴暗，但它具有如此深的音乐深度，以至于它众所周知的非线性缺陷和怪异的阻抗曲线都被愉快地忽略了。

仅仅将KEF的贡献局限于BBC LS3 / 5A是不公平的，因为该公司在20世纪70年代还发布了其他富有吸引力的音箱，如Corelli、Calinda和Cantata，它们都具有LS3/5A那样中等适度的尺寸，而且同样表现出非常高的音乐性和保真度，是真正的经典之作。

3.30　"游戏中的NAIM"，NAIM音响设备广告，1977年

[7] "Rogers LS5/9 Monitors: The Return of the Legendary BBC Speaker", AudioXpress, October 7, 2014.

3.30

3.31

3.32

3.33

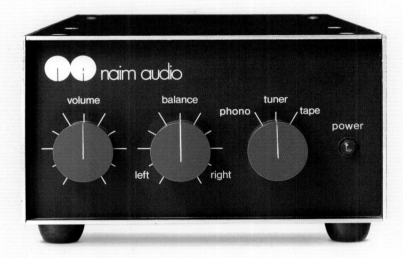

3.34

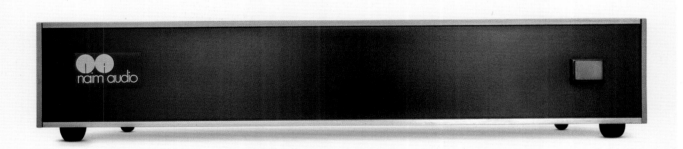

Bowers & Wilkins

另一家参与20世纪70年代高级音箱设计的英国公司是Bowers&Wilkins（宝华，B&W）。该公司最初为了打入市场而摸爬滚打，这也许是它至今在High-End市场不屈不挠地稳定存在的原因。

第二次世界大战期间，约翰·鲍尔斯(John Bowers)和罗伊·威尔金斯(Roy Wilkins)在皇家信号兵团相识，并于20世纪60年代在英格兰南海岸西萨塞克斯郡的沃辛一起建立了一家无线电和电子产品工厂。他们早期业务的很大一部分涉及为各种各样的客户手工组装音箱，包括学校和教堂的公共广播（PA）系统。然而，在这段时间里，鲍尔斯也专注于设计和制造自己的扬声器，在工厂后院的工作室中完善它们。他的一位顾客，年迈的奈特小姐，对他为她制作的扬声器以及他的古典音乐知识印象深刻，以至于她在遗嘱中遗赠给他1万英镑，并明确希望他创办他经常谈到的想要创建的公司[8]。为尊重这一要求，鲍尔斯于1966年停止参与这家工厂，并成立了独立的B&W音箱有限公司，这最初是在工厂的工作间外面运营的。

早期的B&W音箱使用外购的单元，迅速获得成功并建立了良好的声誉，同时还掌握了分销权。到了20世纪70年代初，鲍尔斯打算在公司内部制造自己的扬声器单元，并对这项工作进行了大量的研究。他聘请了前EMI技术经理丹尼斯·沃德（Dennis Ward）以促进单元的开发。这项投资得到了一个优秀的音箱DM70作为回报，这个音箱具有一个用于中频和高频的弯曲的11格静电单元，装在用于较低频率的大型12in低音扬声器上方。

DM70的质量为B&W赢得了英国工业设计奖，以及其他的行业荣誉。早在1970年，DM70就已经将严肃的High-End音箱与良好的设计联系起来。强调"严肃"是有意为之的，因为杰出的设计可以（而且经常）掩盖潜在的技术平庸。然而，这种联系的内在基础是B&W未来产品的基础，也是真正优秀的High-End典范。

在20世纪70年代早期到中期，B&W研究了当时扬声器使用的普通纸质锥盆的卓越替代品，随后将注意力集中在Kevlar上，即防弹背心中使用的同种材料。该公司认为把它用在扬声器中时，这种材料可以有效地分解驻波并产生更线性的声音。B&W于1976年发布了其首款Kevlar中音单元，装在它的DM6音箱上，该音箱由Pentagram（译注：五角设计公司，世界上最富盛名的设计公司之一，1972年成立于英国）的英国工业设计师肯尼斯·格兰奇（Kenneth Grange）设计。此次合作作为令人印象深刻的DM70带来了又一个犀利的继承者。在接下来的几十年里，这些黄色的Kevlar单元成为B&W音箱设计的视觉模式。

3.35	DM70 CONTINENTAL音箱，BOWERS & WILKINS，1970年
3.36	BOWERS & WILKINS工厂最终组装线上的DM70音箱，英国西萨塞克斯郡沃辛，1970年

⑧ "B&W: The Facts", Australian HiFi, January 1, 2017.

3.35

3.37

3.38

3.39

3.40

与英国同行一样，20世纪70年代美国的High-End扬声器设计进展也是充满活力和创造性的，探索了全新的材料和技术以提升扬声器制造工艺。这种不安分和超前思维的态度是在20世纪50年代得到培养的，声学悬浮扬声器和球顶高音扬声器的发明支持着美国扬声器专业知识形成了一种稳定的文化[9]。在20世纪70年代，两家美国公司Magnepan和Infinity以最新技术向前迈进。在Magnepan的案例中，这个最新技术是平面磁性元件，而对于Infinity，则是给扬声器单元增添了新的锥盆材料。

Magnepan

吉姆·维尼（Jim Winey）在20世纪60年代后期的创意——Magnepan音箱（有时被称为"Maggies"）——是一种平板音箱，装有连接到Mylar（一种拉伸聚酯薄膜的品牌）的非常细的导线。在垂直排列的磁体阵列中，放大后的信号产生声音的方式是偶极式的（意味着它被向前和向后发射）。由于这种结构需要很大的面积才能有效地推动足够的空气，因此Magnepan需要采用大型面板。正如其粉丝们珍视的那样，Magnepan方法的美妙之处在于，它产生了独特的、连贯的和可理解的声音。但是，与音响世界中经常发生的情况一样，这个话题引起了激烈的争论。在20世纪70年代，Magnepan推出的多屏Tympani音箱在发烧友中引发了更多的争议[10]，原因是非正统的屏风形面板以及随之而来的空间布置问题，以及可疑的低频响应。尽管如此，该公司在今天仍然存在，拥有数十年的追随者和高度的品牌忠诚度，这表明电磁平板确实经得起时间的考验。

3.42　MAGNEPLANAR TYMPANI 1C音箱广告，MAGNEPAN，约1975年

[9]Hans Fantel, "Sound; American Speakers—Loud and Clear", New York Times, June 2, 1991.
[10]J. Gordon Holt, "Magnepan Tympani I Loudspeaker", Stereophile, January 9, 2006.

3.42

Infinity

Magnepan倡导的技术也吸引了阿尼·努德尔（Arnie Nudell）、约翰·乌尔里克（John Ulrick）和卡里·克里斯蒂（Cary Christie），他们于1968年创立了Infinity Systems（燕飞利仕）。努德尔曾经是一名核物理学家和激光物理学家，正如他在2015年接受*Stereophile*采访时回忆的那样，他"大约八九岁"时开始制造音箱，甚至自己制造驱动单元。"我母亲不会进我的卧室，"他说，"因为我禁止她触碰我制作的这些怪物。"[11]后来，在20世纪80年代，当极致High-End音箱蓬勃发展时，努德尔的作品远非"怪物"，而是力求成为那个年代在形体和技术方面均是最有魄力的作品。然而，在20世纪70年代，Infinity已经在先进材料及应用方面展示了巨大的潜力。

虽然该公司支持电磁感应技术，但努德尔选择以较小的剂量应用它，仅把它用于中频和高频，而采用动圈单元来承担较低频率的工作。努德尔方法早期的应用结果得到了电磁感应高音扬声器（EMIT）和电磁感应中音（EMIM）带式驱动单元。随着Infinity迈入20世纪80年代，这些奇妙的带式单元将永远改变音箱的制作和设计方法。

对于许多Hi-Fi音响发烧友来说，告别这个年代会引起一些怀旧的感伤。20世纪70年代的技术冒险主义、企业家精神和狂野热情的文化催生了一场将音乐录音带入生活的运动。平凡的刻度盘、灯光和箱子被改造成工业艺术形式。对于社会中很大一部分人来说，这是音乐喜悦的年代；而对于发烧友来说，这种喜悦与传达音乐的机器密不可分。

这个十年对High-End音响的贡献，以及它所有的骚动，在20世纪80年代继续扩大和繁荣，但有一个史诗般的转折：光盘的推出。

3.44   QUANTUM LINE SOURCE音箱宣传册，INFINITY，1976 年

[11]Arnie Nudell 引自 Robert Harley, "Arnie Nudell: From Infinity to Genesis", Stereophile, August 24, 2015.

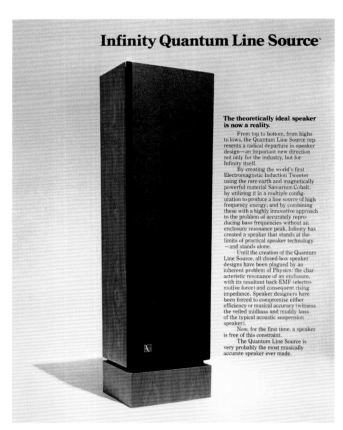

3.44

3.45

3.46

第4章

20世纪80年代　High-End音响全盛

作为一种年轻活跃的作坊工业，High-End音响在20世纪70年代的活力很可能会以转瞬即逝的方式结束。然而，在接下来的10年中，市场需求确实提高了，同时生产企业的熟练程度和灵活性也随之提高。材料科学登峰造极，High-End的成品采用艺术和智慧来创造，而音响组件在完美程度和质量方面可与瑞士钟表媲美。因而，高保真也变得更加复杂和精致。

考虑到所有的这一切，现在是时候再看一眼1982年年轻的苹果创始人史蒂夫·乔布斯了，当时他认为将High-End音响设备作为他拍摄《时代》（*Time*）杂志照片唯一的室内陈设是合适的。乔布斯的立体声系统由Acoustat的静电音箱、Threshold的功放设备、Michell Engineering的唱机以及Denon的调谐器组成。[1]这个精心组建的系统象征着High-End音响在20世纪80年代中的角色——家庭音乐重放的重要性，在这里它化身成夺目的音响组件。

静电音箱的革命

乔布斯选择的音箱绝非寻常之物，即使对于High-End音箱来说也是如此。到了20世纪80年代，静电音箱技术正经历着设计和创新上的转变。毫无疑问，Quad的ESL-57早在许多年前就已经点燃了静电音箱的热情之火，虽然Quad在1981年用ESL-63代替了它，它也不再是唯一的静电音箱，新品牌出现了，带着扩展ESL-57优点的明确目标。为了实现这个目标，需要创建更大的、弯曲的、更耐用的平板，能够扩大之前听众在使用Quad音箱时不得不屈身其中的狭窄的"皇帝位"，并改善与静电平板相关的有限的低频响应。尽管许多静电音箱仍然忠于Quad以及它独特的沉浸感品质，但在这个10年之中仍然有多种静电方法的变化形式得到了探索。

静电扬声器背后的驱动原理涉及使用安装在两个格栅之间的薄而轻的振膜，当格栅由音频信号驱动时，它引起振膜两侧的空气运动。这种设计还无须使用动圈式锥盆扬声器中常见的分频器或滤波器，因为频率范围是通过格栅的充电来均匀产生的。静电方法通常具有比动圈式锥盆扬声器更低的失真，并且可以获得非常高的线性度。

然而，由于缺乏音箱箱体，以及静电扬声器固有的偶极设计，它们通常缺乏足够的低频响应，并且可能难以摆放并得到最佳的音质。另一个持续的批评是针对静电面板的方向性或"束"状指向性，这种特性迫使用户寻找中央聆听位置，如果他们将头部向左或向右移动一英寸，就可能失去声场的结像和中央填充性能。这也是带状音箱的常见问题。

静电技术的优点与缺点都在发烧友之间引发了数十年的争论，但毫无疑问，静电音箱提供了不可思议的真实感，20世纪80年代的音箱文化使这种真实感得到了充分发挥。

Acoustat

静电音箱制造商Acoustat的总部位于佛罗里达州，考虑到它的音箱设计得看上去相当纤弱，而且电压要求异常的高，在得知它们提供终身保修时可能会大吃一惊[2]。更不寻常的是，一般认为，只有变压器才能适应静电扬声器固有的不稳定的阻抗负载，该公司却与这种观点背道而驰，并没有给他们的某些型号采用变压器。实际上Acoustat是用自家的高压电子管放大器来直接推动这些平板音箱的，这是一种独特而富有创造性的"无变压器"设计方法。

不同于端庄的Quad，Acoustat开发了近乎触及天花板的高大音箱，而其他型号又是如此之宽，以至于听众实际上是在看着"音箱墙"。Acoustat采用这种摩天大楼方式来创造更宽广的声场和更好的扩散，同时试图产生更深沉的低音。显然，史蒂夫·乔

① Rene Chun, "We Pieced Together Steve Jobs' Long-Lost Stereo System", Wired, April 29, 2014.
② J. Gordon Holt, "Acoustat Spectra 3 Loudspeaker", Stereophile, November 9, 2017.

布斯认同这种办法。

　　不幸的是，在20世纪90年代初，该公司停止运营并从舞台上消失了，留下了一些关于完善静电音箱设计的更大胆的尝试。

4.1　　MONITOR THREE扬声器宣传册，ACOUSTAT，约1977年

4.1

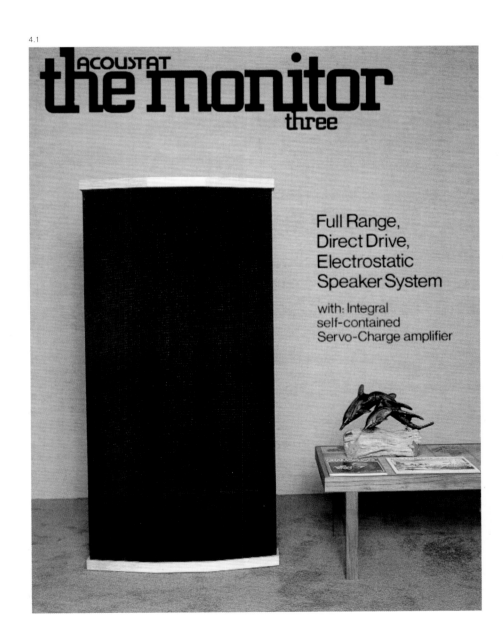

4.3

MartinLogan

另一家在20世纪80年代成立的美国静电音箱公司是MartinLogan（马田卢根），其名称取自创始人盖尔·马丁·桑德斯（Gayle Martin Sanders）和罗恩·洛根·萨瑟兰（Ron Logan Sutherland）的中间名。1982年，两人仅仅凭借包含照片和模型展示的音箱概念赢得了消费电子展（CES）设计和工程奖，从而取得了一个良好的开端。这种认可，加上行业对其产品的热情，促进了该公司的第一款音箱Monolith的产生，这是一种采用静电平板和动圈式低音单元的混合式设计，动圈式低音单元可能是针对静电音箱局限性做出的调整。

为了创造最佳的扩散，MartinLogan设计了一种弯曲的平板，或者用该公司的话说，是"曲线形线音源"或CLS。这些弯曲的平板成为该公司的设计象征，并且吸引了世界各地的追随者。凭借无可挑剔的设计与尖端技术的结合，MartinLogan最终在静电音箱设计领域处于领先地位，拥有不断扩大的产品目录和丰富的营销技巧。今天，该公司继续满足那些具有静电情结的人的需求，并在High-End音箱设计中的这一个小众细分领域保持着杰出的地位。

然而，对于MartinLogan的许多信徒来说，该公司静电应用的最纯粹形式并非存在于它的混合式设计之中，而是在于它的纯平板音箱——20世纪80年代后期的CLS。其弯曲透明的面板框架的简洁性可以说是Quad ESL-57进化的结果，并且也是对这个10年High-End音响创作出的宝贵贡献。

4.4	CLS音箱宣传册，MARTINLOGAN，1986年
4.5	MONOLITH音箱宣传册，MARTINLOGAN，1983年
4.6	MONOLITH音箱的原型，MARTINLOGAN，1982年

4.4

4.5

Sound Lab

20世纪80年代静电复兴中另一个值得注意的美国公司是Sound Lab（天域），它由罗杰·韦斯特（Roger West）博士和戴尔·比姆（Dale Beam）博士于1978年创立。与MartinLogan不同，Sound Lab保持着比较低调的市场形象，多年来它的产品势头越来越足。

就尺寸而言，Sound Lab音箱绝对是属于Acoustat阵营的，甚至让Acoustat某些已经算是庞然大物的设计也相形见绌。撇开尺寸不谈，Sound Lab明显赢得了一些业内"金耳朵"的赞扬，其中包括*Stereophile*杂志的编辑戈登·霍尔特，他在1986年评论了Sound Lab A-3静电音箱：

> 但是Sound Lab对产品推广的态度是如此的漫不经心，他们能卖得出任何音箱都是奇迹。在经过8年的默默无闻之后，为什么他们还能继续经营下去？罗杰·韦斯特将此归因于他的产品有令人难以置信的质量，它的用户说他们非常高兴，所以自愿在朋友中推广Sound Lab音箱……罗杰不相信炒作宣传，为了反驳反对意见，他提到Sound Lab8年的长寿和持续的增长，尽管增长缓慢。在与他的一对A-3音箱一起生活了几个星期，并浏览了我为将要撰写的评论所记的笔记之后，我认为他应该制定一些应急计划，以应对订单的突然增加：这次评论将是一个热烈的赞美。[3]

给霍尔特以及其他人留下深刻印象的是一个全频域型号——尽管它缺少可以在Martin Logan Monolith上见到的混合式低音扬声器单元。静电音箱A-3在没有动圈式低音扬声器单元的情况下实现全频域声音的能力甚至可以下潜至32Hz，这巩固了Sound Lab在High-End市场的地位，并帮助该公司将其设计持续推进到今天——当然总是以它自己那种漫不经心的方式。

Stax

说到静电的历史，很少有品牌能够具有日本High-End公司Stax那样的诱惑力。该公司成立于1938年，在20世纪60年代和70年代凭借静电耳机和合并式放大器（用于其耳机）而声名鹊起。到了20世纪80年代，Stax在这两个方面都是无所匹敌的。

即使它的耳机和放大器受到如此多的关注，该公司不太引人注意的落地式静电音箱却仍然是一个鲜为人知的宝藏。早在1964年，Stax就推出了类似于KLH的落地式型号，但直到20世纪80年代，该品牌优美文雅的设计才引起了更多的关注。Stax的音箱很少见，在某种程度上是被隔离在它自己的极致High-End领域之中，随后又受到那些寻找更奇异和专属产品的人的高度追捧。

4.7　AUDIOPHILE 3（A-3）音箱，罗杰·韦斯特，SOUND LAB，1986 年

③J. Gordon Holt, "Sound-Lab A-3 Loudspeaker", Stereophile, September 3, 1995.

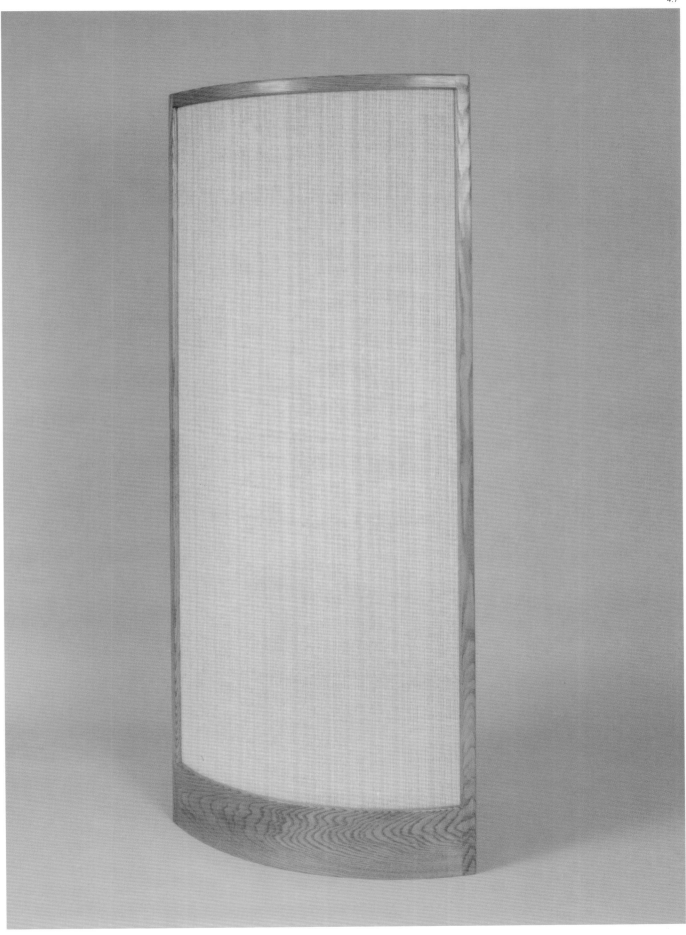

音の翼の新素材。

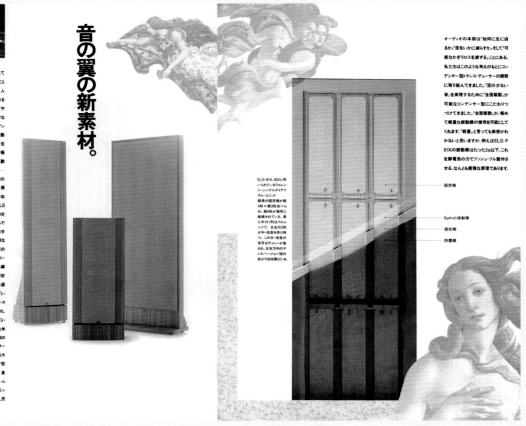

弦楽器が奏でる波形を調べてみると、とてつもなく複雑でそれを正確に再生することは不可能に近い……と感じてしまいます。人の声も同様、中・高音の周波数特性をきることながら、位相特性をきちんと合わせてやらないと弦楽器の弦楽器らしさ、人の声ならばその人らしさが出てきません。コンデンサー型ならば、ダイナミック型と違って振動体（膜）全体を同時に駆動できますから、位相のみだれが起きにくい、また振動体が振動できるので動きだすべきときに動きだし、止まるべき時に即座に止まる――ことができます。打楽器の切れた瞬間のパルスをナチュラルに再生しようとすれば、振動体の重量が軽いことのいかに大切かお分りいただけると思います。スタックスのELSシリーズに採用されている振動膜は1000分の数mmという極薄のポリエステルフィルムですからその重量はグラムにしかなりません。さてコンデンサー型スピーカーに必要な高電圧の信号はELSシリーズでは良質のカットコアーを用いて作り出されます。シリーズ共通の800VAのコアに巻かれている線材はPC-OCCという、いま手にできる線材の中でも最も優れた純度の高い銅線を選び、特製のポリカーボネート製ボビンにていねいに巻いて仕上げられています。スピーカーの内部配線にもPC-OCCが採用され、音に有害な「ロス（損失）」を極力減らしています。周波数特性や位相特性を整えるために随所に採用された特別の抵抗や、ドイツ製ポリプロピレン・コンデンサーなどが随所に採用され良い音に仕上げる大切な役割を果たしています。ダイナミック型スピーカーに聴き足りず、ナチュラルな音、長時間聴き続けても疲れない音をまめていらっしゃる方にぜひともスタックスのELSシリーズの音を再認識していただきたいと思います。

オーディオの本筋は「如何に生に迫るか」「歪をいかに減らすか」そして「可能なかぎりロスを減ずる」ことにある。私たちはこのような考えのもとにコンデンサー型トランス・デューサーの開発に取り組んできました。「歪の少ない音」を実現するために「全面駆動」が可能なコンデンサー型にこだわりつづけてきました。「全面駆動」が、極めて軽量な振動膜の使用を可能にしてくれます。「軽量」と言っても実感がわかないと思いますが、例えばELS-F81Xの振動膜はたった2g以下、これを静電気の力でプッシュ・プル作りさせる。なんとも優雅な原理であります。

ELS-81X、83Xに用いられているフルレンジ・シングル・ダイアフラム・ユニット。縦長の固定極が縦4枚×横3枚並べられ、組み状が直列に結線されている。美人中の1列はフルレンジで、左右の2列が中・低音を受け持つ、この中・低音の信号はディレーが施され、左右方向のディスパージョン（音の拡がり）を改善している。

- 固定極
- 6μmの振動膜
- 固定極
- 防塵膜

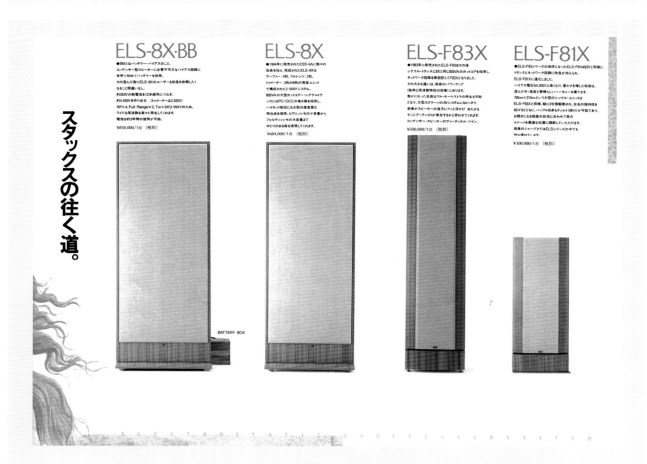

スタックスの往く道。

ELS-8X·BB

●BBとはバッテリー・バイアスのこと。コンデンサー型スピーカーに必要不可欠なバイアス回路に世界で初めてバッテリーを採用。その進んだ音にELS-8Xのユーザーも改造を依頼したくなること間違いなし。約350Vの和電圧を12本連用につなぎ、約14,400Vを作り出す。（トゥイーターは2,203V）Wf×4, Full Range×2, Tw×2の3-WAYのため、ワイドな周波数帯域まで再生してくれます。電池は約3年間の使用が可能。

¥850,000/1台（税別）

BATTERY BOX

ELS-8X

●1964年に発売されたESS-6Aに数々の改良を加え、完成されたELS-8Xはウーファー：4枚、フルレンジ：2枚、トゥイーター：2枚の8枚の発音ユニットで構成された3-WAYシステム。800VAの大型のカットコアーをシングルチャンネルにはPC-OCCの巻き線を採用。ハイカット抵抗には大容量の高音質な特注品を使用、ピアニシモの小音量からフォルティシモの大音量までゆとりのある音を実現してくれます。

¥684,000/1台（税別）

ELS-F83X

●1983年に発売されたELS-F83はその後シグナルトランスを8Xと同じ800VAのカットコアを採用。ネットワーク回路を新設計してF83Xとなりました。その大きな違いは、音響のパワーアップ（能率と周波数特性の改善）にあります。豊かになった低音はフルオーケストラの再生も可能となり、大型スクリーンのAVシステムにもピッタリ。音像がスピーカーの後方にフッと浮かび あたかも、そこにアーティストが実在するように思わせてくれます。コンデンサー・スピーカーのヴァーティカル・ツイン。

¥500,000/1台（税別）

ELS-F81X

●ELS-F8シリーズの後継となったELS-F81は83Xと同様にトランスとネットワーク回路に改良が加えられた。ELS-F81Xに進化しました。バイアス電圧を4,300Vとなり、豊かさを増した低音は、澄んだ中・高音と相俟ってよりハーモニーを奏でます。705mm×210mmという大型のシングル・ユニットはELS-F83Xと同様、縦に3分割駆動され、左右の指向性を拡げるとともに、バッフル板のティルト（傾け）が可能であり、イメージを最適な位置に調節していただけます。音像はシャープで、ELSシリーズの中でも特に優れています。

¥300,000/1台（税別）

E L E C T R O S T A T I C   L O U D S P E A K E R   S Y S T E M

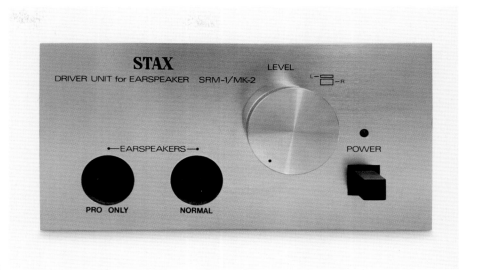

4.10

4.11

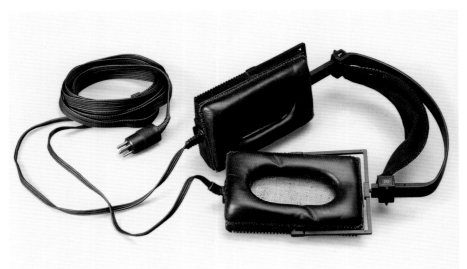

4.12

除了静电运动之外，扬声器设计的另一个转变正在发生——带式技术。尽管带式技术在20世纪70年代就已建立，而且到20世纪80年代都用于生产音箱，却是总部位于美国的Apogee Acoustics将这种方法提升到一个全新的发展水平。在20世纪80年代音箱发展和高度复杂化的同时，放大器设计也在迅速发展。许多新的音箱，特别是Apogee的音箱，需要巨大的功率和电流才能充分发挥其长处，这种需求催生了新一代极其强壮有力的晶体管放大器。提供这些强大力量的主要实体有Krell、Mark Levinson、Jeff Rowland和Threshold。

Apogee Acoustics

Apogee Acoustics（爱宝奇）由艺术品经销商杰森·布鲁姆（Jason Bloom）和他的岳父里奥·斯皮格尔（Leo Spiegel）创建于1981年。里奥·斯皮格尔是一名工程师，刚从航空航天公司Northrop退休。两个拥有截然不同的个性的人开发了许多人认为是有史以来最好的音箱。该公司专门使用带式技术，在某些情况下也混合使用低音扬声器，获得了极好的性能和保真度。约翰·阿特金森（John Atkinson）在 *Hi-Fi News & Record Review* 杂志上撰写的有关Apogee Scintilla音箱的文章中宣称：

> 这是我听过的再现人声最好的音箱……声音在整个音高和动态范围内飞扬。钢琴也具有从容宽松的重播质量，各种打击乐的重放都带着各自声音的独特性，这是我过去难得听到的。这款音箱让我成为鼓声录音的爱好者，它在声音上只加入很少的自身特性，所以每种乐器的声音结构都可以独立地存在。[4]

4.13　SCINTILLA音响，APOGEE ACOUSTICS，1985年

4.14　全频音响，APOGEE ACOUSTICS，1984年

---

[4] John Atkinson quoted in "Apogee Scintilla Loudspeakers Reviewed", Home Theater Review, January 11, 1987.

4.13

Infinity

进入20世纪80年代后，Infinity加强了High-End业务，继续发展自己的带式/混合式音箱，有时制造独立和分体式的立式平板，用于带式扬声器，也用于动圈式低音扬声器。IRS系列音箱无疑是这个年代第一流的音箱之一。

Krell

有些放大器设计得粗壮有力，如主战坦克一般，丹·达戈斯蒂诺（Dan D'Agostino）的位于康涅狄格州的Krell公司是这类放大器的领跑者。丹·达戈斯蒂诺的使命从一开始就很明确：制造能够驱动任何音箱的放大器，无论音箱的尺寸或功率要求如何。为此，他制造了功率强大的A类晶体管放大器，从而偏离并疏远了那个曾经在20世纪70年代出品低功率版本的Krell。Krell已经变成了音响的"肌肉车"（译注：肌肉车主要是一类装备大排量高性能引擎的轻量化双门运动型轿车，注重追求直线竞速指标，而不追求跑车的其他性能），经常看到它与伟岸的大型音箱搭配。随着High-End文化越来越趋向于庞大和流行，这个10年成了该品牌发展其强壮结实的声誉最合适的年代。

Mark Levinson

在20世纪70年代，黑色阳极氧化金属工艺曾经使Mark Levinson显得极为独特。1984年Mark Levinson被Madrigal Audio Laboratories收购之后，该品牌延续了这种工艺风格。然而，尽管外形上与早期的Levinson产品相似，但现在的重点是提供更大的功率和电流。这个工作的最高成就是No.20单声道放大器，其次是No.23和No.27立体声放大器。为了与这些新放大器相匹配，Levinson发布了新的参考级前置放大器No.26，这是在20世纪80年代后期流行的一种High-End搭配。

Jeff Rowland Design Group

总部位于科罗拉多州的Jeff Rowland（杰夫·罗兰）也是High-End圈子的一员。杰夫·罗兰从20世纪70年代开始成为一名定制设计师，在20世纪80年代声名鹊起。Sound Lab的罗杰·韦斯特想要为他的A-1静电音箱设计制造一款足够强大的放大器，受此启发，罗兰设计了350瓦（West Labs）WL-500单声道放大器，随后他发布了他的第一个商业产品——Model 7单声道放大器和Coherence前置放大器。Model 7 8Ω的输出能力达到350W，4Ω可输出700W功率，经常与20世纪80年代效率低下且功率需求高的音箱搭配使用。

Threshold

Threshold忠于其高功率信条，将它获得成功的放大器带入20世纪80年代，但在高质量的功率和电流规格方面上升到了新的高度。SA-1功放提供40~60A的电流，使它成为这个年代难以推动的音箱的又一个热门选择。

4.15

4.16

4.17 NO. 23.5放大器，MADRIGAL音频实验室，MARK LEVINSON，1990年

4.18 NO. 29 放大器，MADRIGAL音频实验室，MARK LEVINSON，1990年

4.19 NO. 26S 前置放大器，MADRIGAL音频实验室，MARK LEVINSON，1991年

4.17

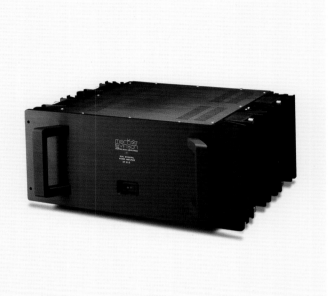

4.18

4.19

4.20

虽然怪兽放大器文化在美国繁荣发展，但是英国公司继续制造中等尺寸和低功率的放大器，不论尺寸，只将重点放在音质上。

DNM Design

有一个非常惊人的英国放大器出自DNM Design的丹尼斯·莫克罗夫特（Denis Morecroft）之手。在20世纪80年代，莫尔克罗夫特开发了装在又小又轻的亚克力外壳中的组件，他还在抛弃传统思维之后发明了自己的音响用电容。正如公司网站所述：

> 自1984年以来，所有DNM机箱均采用极具吸引力的亚克力制成，这是理想的放大器机箱材料，因为它是一种良好的电气绝缘体，因此不会与信号相互作用，DNM轻巧的平板结构可确保机箱的谐振能量保持在低水平，从而减少颤噪并改善各个方面的性能。[5]

Linn Products

虽然Linn和它的模拟产品以及音箱继续在20世纪80年代蓬勃发展，但它也开始设计自己的新组件——可能是为了减少对Naim产品的依赖。1985年，Linn推出了LK1前置放大器和LK2放大器，随后推出了LK280放大器。低调、内敛的设计暗示着一种文雅的声音，将Linn的标志性声音风格扩展到相关设备之中。

Naim

为了证明功率与音乐重放无关——本质上也是对高功率产品的鄙视——Naim没有公布其1983年NAIT合并式放大器的功率数据，后来透露是每声道13W[6]。NAIT同时引发了争议和喜悦，喜悦是对它的用户而言的，特别是那些与Quad ESL音箱一起使用它的人。这种独特的做法可能吸引了太多的注意力，从而使人们没有注意到为什么13W功率可以做到这么特别的原因：其强大的大电流电源。这种低功率与高电流的融合，赋予Naim自己的理念，并最终让它超越了作坊工业的地位，成为成熟的High-End品牌。

⑤ "About DNM", DMN Design company website, accessed February 5, 2018.
⑥ Channa Vithana, "NAITology", Hi-fi World, October 2007.

DNM SERIES 3 PRE-AMPLIFIERS
Among the stars

4.24

4.25

4.26

4.27

4.28

MR VEREKER
MAKES
EXCEEDINGLY
GOOD
NAITS

4.29

High-End放大器设计的另一个运动在20世纪80年代浮出水面，它的特征是速度，其支持者认为这对于音频重放至关重要。术语"高带宽"从许多不同的来源进入词典，其中包括Spectral Audio、Goldmund和Swiss Physics等公司。

Spectral Audio

总部位于加利福尼亚州的Spectral Audio由基思·约翰逊（Keith O. Johnson）教授于1977年创立，很快就将其方法特征确立为高带宽，声称它具有更快的瞬态和线性的声音重放。正如其网站所述：

> Spectral电路的特点是"始终分立、完全互补、直流耦合和超级快速，在最大线性的可行应用中利用挑选的FET、MOSFET和双极性晶体管。"这种超宽带宽晶体管设计依然是最先进的音频电路的象征，就像Spectral首次开创它时那样。[7]

为了支持其主张，Spectral坚持采用一种综合的方法，要求它的放大器需要与Spectral前置放大器以及随附的MIT线一起使用。多年来，考究的设计一直保持稳定，具有专业仪器级别的外观。

Goldmund

尽管CD在20世纪80年代初已经出现，但模拟音源仍然在High-End系统中占据主导地位，发烧友仍然主要专注于唱盘、唱臂和唱头。Linn和其他公司已经将唱机树立为High-End级别，瑞士品牌Goldmund（高文）不久后就出现了，它将进一步提升这一领域的设计。该公司由米歇尔·雷弗琼（Michel Reverchon）创立于1978年，它擅长聘请最优秀的人才，然后在内部整合这些人才。通过这种方式，当时主要的音响设计师，如乔治·伯纳德（Georges Bernard）、伊夫-伯纳德·安德烈（Yves-Bernard André）、克里斯蒂安·伊冯（Christian Yvon）和皮埃尔·卢恩（Pierre Lurne），影响了Goldmund的唱机、唱臂、音箱以及放大器等设备的发展方向。

Goldmund的第一款模拟产品T3唱臂是一款高科技的线性跟踪唱臂，具有唱臂运动的伺服控制。紧随其后的产品是Studio唱机、Reference唱机和Studietto唱机/T5唱臂组合。Studio和Studietto唱机采用了直接驱动的Pabst电动机，该电动机来自德国，但后来改为一种JVC型号。Goldmund还将木质底座改成采用甲基丙烯酸甲酯制成的底座，甲基丙烯酸甲酯是一种具有出色机械性能的亚克力。皮带驱动的Reference唱机是该公司的旗舰产品，依然是有史以来最奢侈的音响技术应用之一。

Goldmund也在它的第一款音箱——1980年的Dialogue中采取极端主义的做法，这款音箱使用一个结实的甲基丙烯酸甲酯模铸的箱体，装有来自Focal的高效双磁体单元。1987年，该公司与意大利艺术家克劳迪奥·罗塔·洛里亚（Claudio Rotta Loria）合作设计的出类拔萃的多箱体Apologue音箱并在纽约现代艺术博物馆展出。

4.30　STUDIETTO唱机及T5唱臂, GOLDMUND, 1988年

4.31　REFERENCE唱机及T3唱臂, GOLDMUND, 1982年

[7] "The Art of Serious Listening", Spectral company website, accessed February 5, 2018.

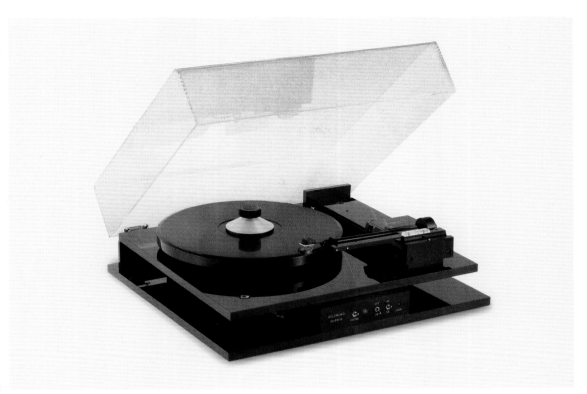

4.30

4.31

4.32

4.33

Swiss Physics

可悲的毛罗·德尔·诺比勒（Mauro del Nobile）可能是世界上最鲜为人知的High-End音响设计师。他的公司Swiss Physics（瑞士物理）公司在很短的生存时间内只生产了几个组件。但是，尽管他的品牌仅仅是音响历史上的昙花一现，德尔诺比勒可以说拥有High-End史上最具想象力的头脑。他在20世纪80年代至90年代初创造的产品，与Goldmund的更受认可和赞扬的组件有许多相似之处。德尔诺比勒将他的组件装在钢琴漆机箱中，与外观表现相匹配，内部的技术布局也是纯粹的瑞士审美典范。Swiss Physics帮助奠定了欧洲的高带宽设计基础，但令人遗憾的，该公司及其极具音乐性的成就在20世纪90年代中期神秘地消失了。

Cello

1984年，马克·莱文森离开Madrigal（译注：指Madrigal Audio Lab，它在1984年收购了Mark Levinson Audio Systems Ltd.。1986年，莱文森失去了以自己名字作为商品名称的权利），之后成立了Cello有限公司，并招募了前公司的同事和设计师托马斯·科兰杰洛（Thomas Colangelo）和保罗·杰森（Paul Jayson）来协助。Cello的总部位于康涅狄格州，只持续经营到1998年，但它的产品体现了High-End工程和创造力的精髓。由于莱文森闻名与音乐界的联系和对音乐的热爱，使Cello能够融合工程和音乐重放中有时出现的不甚和谐的部分。这两者的结合在该公司的第一个组件Audio Palette音箱中变得更加直观，Audio Palette是由理查德·伯文（Richard S. Burwen）构思的一种尖端的音调控制设备。

创建Audio Palette的理由只有一个：提升音乐的听感。它的前提是，由于不同的监听过程以及每次使用的设备不同，每个录音都是独一无二的。有人提议，录音中这种缺乏统一性的问题可以通过Audio Palette的音调控制来解决。有趣的是，这个概念多年之后又在瑞士的FM Acoustics的产品上重新浮出水面，出现在它的音调控制设备Linearizer音箱系列中。虽然许多人简单地将Audio Palette称为花哨的均衡器，但它通过保留制作意图，同时允许增加精致度而走得更远，绝对超越了传统均衡器的范围。

1985年，Cello发布了一个名为Audio Suite的同系列前置放大器。Audio Suite之所以如此非同寻常，是因为它采用了模块化的方法。用户可以根据自己的需要，将唱机、调谐器或磁带等不同的卡片插入指定的插槽。一年以后，放大器Performance以及Cello的第一款音箱Amati一起出现。从罗伊·艾利森（Roy Allison）（译注：著名音频技术专家，曾任Audio Research公司的工程与制造副总裁）和20世纪70年代的Acoustic Research LST扬声器中获得灵感，Amati可以单个使用或者多个堆叠使用——与Levinson早期堆叠Quad的"HQD"方法没有什么不同。毫不奇怪，Cello在20世纪80年代受到音乐爱好者的高度赞誉，其产品继续出现在今天的High-End系统之中。

4.35

4.36

4.37

4.38

4.39

美国人詹姆斯·T·罗素（James T. Russell）在20世纪60年代后期首次在透明光学薄膜上记录了数字信息，虽然他在20世纪70年代的专利导致了CD光盘最终诞生，但罗素是否可以预见到录音和重放方面的数字王国仍有争议。然而，从早期开始，很多人都对CD的声音持怀疑态度并直接加以谴责，其中包括创作歌手尼尔·杨（Neil Young），他宣称："数字完全是个错误，这是一场闹剧，这是录制音乐有史以来最黑暗的时刻"。[8] New York Times的音乐评论家爱德华·罗斯汀（Edward Rothstein）也有类似的观点："最恶劣的侮辱之一就是说某种东西听起来像一张CD光盘，因为CD创造了一种特殊的音乐声音：一种现在已经司空见惯的声音，我们可能没有意识到它是多么做作。"[9]

也许最长期和最惹眼的CD批评者是哈里·皮尔逊（Harry Pearson），作为Absolute Sound杂志的创始人和编辑，他从1973年创刊开始一直批评到20世纪90年代。然而，到了1998年，皮尔逊已经明显软化了他的声调，承认数字已经取得的进步："我仍然更喜欢唱片，"他说，因为在这一点上，一张好的模拟唱片比CD有着更多的信息——微妙的力度变化、丰富的泛音、自然的音色。然而，在过去的15年里，CD已经有了很大的改进，因而数字已经成为模拟的平行宇宙[10]。

虽然许多像皮尔逊这样的人需要时间来接受CD的音乐重放，但Sterophile杂志的霍尔特早在1983年就对它的潜力给出了承诺。霍尔特在对索尼首款CD播放器CDP-101的评论中明确表示，High-End的最高阶层已经向数字敞开大门：

> CD声音最明显的特征是它的背景噪声低得完美，并且难以置信地在最响亮的段落上也毫无压力。过了一会儿，人们开始注意到其他事情，例如，低频端似乎没有下限。事实上，我敢打赌，我听到了唱片制作人都没有听到的极低的东西，因为其中一些是柔和但显然是无关紧要的次声波噪声——偶尔的与音乐完全无关的砰砰声。音乐的低音比我以前在任何录音中听到的都更紧密，更干净，更深沉……在我看来，毫无疑问，这一发展最终将被视为严肃的音乐听众自LP问世以来所得到的最好的消息[11]。

有了这个保证，High-End制造商承诺通过研发来改进这种格式。到20世纪80年代中期，一些公司已经崛起成为High-End数字应用的领导者，发布了许多声音非常优秀的器材。

⑧ Neil Young 引自Lawrence M. Fisher, "Technology; Yes, CD Sound Is 'Perfect.' And Yes, It's Getting Even Better," New York Times, October 25, 1992.
⑨ Edward Rothstein同上所引。
⑩ Harry Pearson 引自Paul Vitello, "Harry Pearson, Founder of Absolute Sound, Dies at 77," New York Times, November 12, 2014.
⑪ J. Gordon Holt, "Sony CDP-101 Compact Disc Player," Stereophile, January 23, 1995.

4.40

Philips Compact Disc Unequalled sound quality.

COMPACT **disc** DIGITAL AUDIO

You will be stunned the first time you hear Philips Compact Disc. Stunned by breathtaking pure, perfect sound. A sound identical to the original master recording. With nothing added, and nothing taken away.

Exactly what you'd expect from the originators of this totally new audio technology.

The Compact Disc.

The source of this pure, perfect sound is a shiny silver disc just 12 cm in diameter. Punched into one side of the disc are billions of tiny 'pits' that form a digital code. These are then covered by a transparent layer to protect them against dust, scratches and fingerprints.

MANY HUNDREDS OF RECORD TITLES FROM THE WORLD'S FAVOURITE PERFORMERS ARE ALREADY AVAILABLE ON COMPACT DISC.

The Philips Compact Disc players.

In a Philips Compact Disc player, the disc is scanned by a high-precision, low-power laser beam which focuses through the transparent layer onto the pits under the surface of the rotating disc.

This technique causes absolutely no wear of the disc. The reflected laser beam generates a train of pulses which are converted into audio signals, and amplified by your HiFi system into sound.

And what a sound! Philips Compact Disc players have performance without equal.

Independent tests conclusively prove the superiority of Philips Compact Disc players.

**Compact Disc.
Created by Philips.
Pure, Perfect Sound—forever!**

PHILIPS

4.41 "飞利浦 CD: 无与伦比的音质", PHILIPS CD光盘广告, 1983 年 11 月

4.42 "飞利浦引发音频革命", CD100 CD播放机广告, PHILIPS, 1983 年

4.42

Meridian

总部位于英国的Meridian（英国之宝）成立于1977年，是当今High-End音响领域发展较为成熟的企业之一。其创始人鲍勃·斯图尔特（Bob Stuart）和艾伦·布斯罗伊德（Allen Boothroyd）在工程与工业设计之间取得了一种和谐的关系，斯图尔特负责技术方法，布斯罗伊德则专注于设计。Meridian的早期产品小巧精致、迷人、声音很好，但无论是何原因，他们都未能进入High-End领域。随着1985年该公司MCD CD播放器的发布，这种情况在一夜之间发生了变化，MCD可以说是世界上第一台发烧级CD播放器。MCD播放器大大提升了CD的声音，为其他品牌的跟随创造了动力。在MCD取得成功之后，Meridian创造了著名的200系列，其中一些是20世纪80年代最好的数字重播设备。

Spectral Audio

在20世纪90年代，约翰逊教授创建了高解析度兼容性数字或称HDCD工艺，Spectral Audio的数字天赋变得有目共睹。作为微软的音频编码-解码系统，HDCD据说可以改善和增加了红皮书CD的动态范围，红皮书CD是遵循索尼和飞利浦制定的一套专业技术规范的CD，因这套技术规范装订在红色封面中而得名。许多音频公司随后接受了这项技术。但在1987年，在HDCD出现之前，Spectral受到Meridian的启发，大大提升了CD的音质，完成这一点的就是SDR-1000 Reference CD处理器。通过SDR-1000，约翰逊试图解决他认为的存在于数字录音过程中的问题，并在播放中纠正这些错误。通过集成一个三滤波器开关来纠正编码相位误差，他希望处理器能够更好地匹配不同数字录音的独特特性。这种创新的数字重放方法帮助Spectral保持了它在数字音频进步方面的杰出地位。

Stax

1986年，STAX的天才静电设计师推出了自己的High-End CD播放器Quattro，震惊了High-End世界。继产品获得成功之后，Stax马上走上了一条将CD读取传输功能和数模转换功能分开，形成两个独立组件的道路，这在20世纪90年代初成为被大多数High-End公司所接受的趋势。1989年，Stax发布了DAC-X1T，胜利地结束了这个十年。DAC-X1T是一种基于电子管的解码器，其音质在许多重要方面尚未被超越。

4.43

4.44

4.45

●CDプレーヤー/DAT/BS対応　ディジタル/アナログプロセッサー
（32kHz,44.1kHz,48kHz自動追尾）

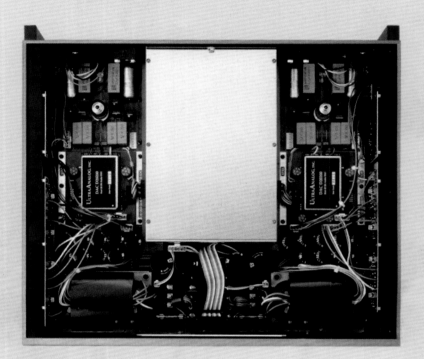

DAC-X1t

ステージのあの感動を、真空管が甦えらせてくれた。

半導体は、電子機器を作るうえで、もっとも主要な材料となってしまいました。
CDプレーヤをはじめとするディジタル・オーディオ機器が今日存在するのも、
この半導体技術の進歩による賜物といえるでしょう。
にも拘わらず、D/Aプロセッサーに真空管を増幅素子として使用した理由。
それは音の良さ。そして、聴き手を暖かく包みこむ音場感。
まさに、音を追及した結果でした。真空管を使う必然性がそこにはあったのです。
感動のプレゼンテーション。
Digital Art：DAC-X1t.

4.46

Accuphase

总部位于横滨的Accuphase（金嗓子）并不是High-End音响的局外人。与Luxman（力士）、Kenwood（建伍）和Nakamichi（中道）一起，Accuphase超越了日本器材在20世纪80年代主要是Mid-Fi（中保真）的名声。对于许多发烧友来说，它通过发布最先进的数字分体设备完成了这个任务，其中最著名的是DP-80 CD播放器和DC-81数字处理器。

无论数字应用在20世纪80年代初有着什么样的抱负，Meridian、Spectral、Stax和Accuphase这样的公司都很快实现了它们。数字High-End应用的迅速崛起在Hi-Fi文化的发展中是史无前例的。考虑一下唱机的缓慢演化，它花了半个世纪才获得High-End市场的关注，再将它与数字加快了的步伐进行比较，后者在短短几年内就到达了Hi-Fi音响的上层。由此可见，数字的兴起成为High-End音响代表的一个象征：以音乐和无与伦比的保真度的名义热情地实现技术。这些尖端创新的愿望将跟随着High-End进入20世纪90年代。然而，令人着迷的是，这个行业的艺术气质首先会和它备受珍爱的代表——电子管一起，创造性地回到过去。

4.47　DP-80 CD播放机与 DC-81数模转换器宣传册，ACCUPHASE，1986 年

4.47

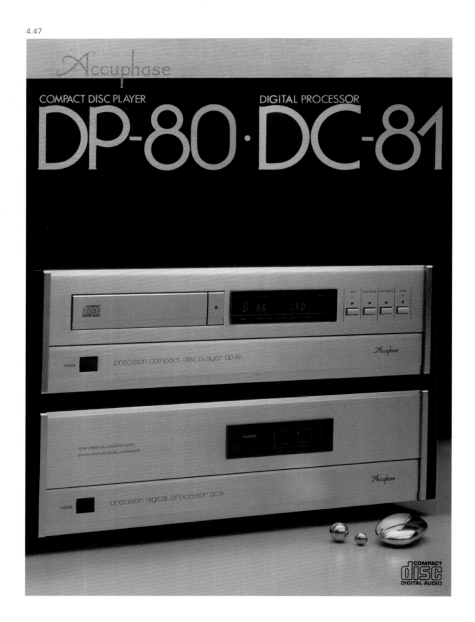

4.48

4.49

20世纪90年代　　电子管归来

第5章　　20世纪90年代 电子管归来

20世纪90年代见证了迄今为止最有魅力的音响极致。随着数字技术的兴起，黑胶唱片的衰落不可避免地来临了；CD已经变得无所不在，最后也让盒式磁带消失了。相比之下，虽然资源被分配给数字，而且社会也在远离模拟，仍然有一部分市场又回到了音响最早的根源，再度考虑电子管和号角。

电子管复兴

其实，电子管从未走开。20世纪80年代，制造商们继续设计基于电子管的放大器、前级放大器、CD播放机和DAC解码器。但是，电子管在20世纪90年代的恢复力是令人瞩目的，尤其是考虑到晶体管技术不断增长的势头和稳定的进步。

这种对电子管荣耀的向往并没有止步于对过去庸俗的重新诠释。人们寻找并囤积那些多年来一直被轻率处理的全新库存（NOS）老电子管，包括比较奇异和罕见的单端三极管（SET）放大器。吸引力不仅仅来自于怀旧，这些设备听起来特别的丰富多彩。每个管子都有自己的声音风格特色，适合于广泛的听感诠释和艺术自主性，但是有一个痛点：低功率。

围绕着低功率电子管的热情并非没有障碍。由于上一个十年一直倡导低效率的音箱，以及为了适应它们而制造的大功率放大器，从而显得电子管是不合适的。只有号角扬声器才能使这些新复兴的放大器变得可行，因此一种新的号角文化诞生了，推动这种类型的放大器进入了High-End最迷人的时期之一。

5.1	EF806S NOS 电子管, TELEFUNKEN, 1965年
5.2	"音频应用电子管"，限量版印刷品，帕里·杜根，2011年

5.1

Vacuum Tubes for Audio Applications

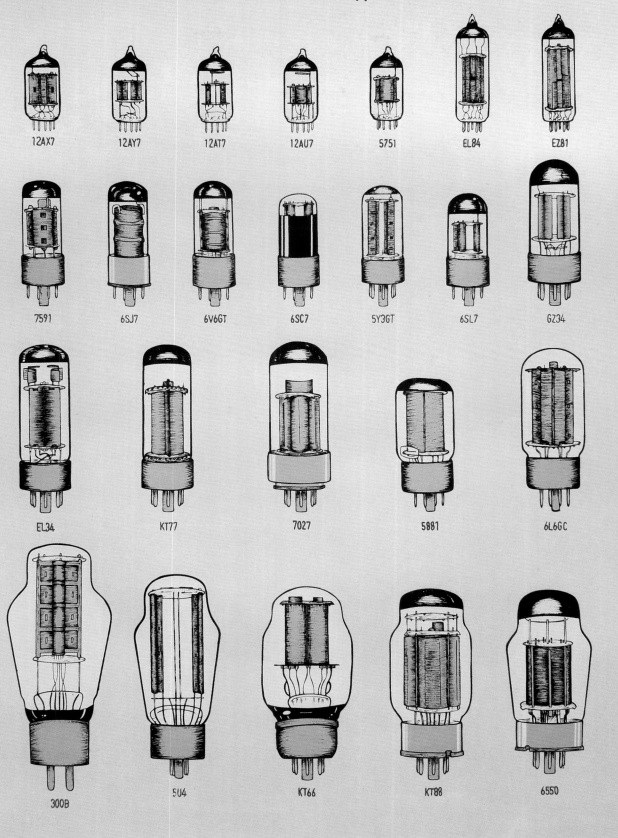

12AX7 12AY7 12AT7 12AU7 5751 EL84 EZ81

7591 6SJ7 6V6GT 6SC7 5Y3GT 6SL7 GZ34

EL34 KT77 7027 5881 6L6GC

300B 5U4 KT66 KT88 6550

Jadis

Jadis由安德烈·卡尔梅特斯（André Calmettes）和让-保罗·卡菲（Jean-Paul Caffi）创立于20世纪80年代初，是音响概念及其实现天赋的法国代表。它的放大器器件以公司内部定制的变压器、点对点搭棚布线和A类电路而闻名：这是超级High-End热电子设计的先决条件。高度抛光的不锈钢机壳和金色抛光黄铜为产品的外观增添了一种巴洛克式的光辉，迅速让该品牌从那些装饰较少的High-End铝盒子中脱颖而出。Jadis从那些寻求在设计和声音方面更感性表现的人群中获得了坚定的追随者，其粉丝的激情通常可能来自该公司的号角音箱Eurythmie。

Eurythmie代表了Jadis对号角音箱设计的雄心勃勃的进军，并且在它的第二次迭代时已经进入了新兴的High-End号角群体。号角的灵敏度为103 dB，2×15in（2×38cm）的等压负载低音音箱的灵敏度为96 dB，300B和845等低功率电子管是理想的搭配。然而，为了使Eurythmie远远地超越过去的号角，Jadis采用了外置分频器，该分频器具有可调节的数字电压表，从而使最终用户能够平衡号角和低音音箱的不同灵敏度，这是为了将音箱的两个单元同时与不同的放大器设计相融合。

Jadis的前置放大器通常与该公司的放大器一起使用。从JP80前置放大器开始，Jadis扩大了它的产品范围，提供线路级前置放大器，完全删除了唱机组件，以便专注于纯数字音源，这是20世纪90年代一个常见的趋势。Jadis通过自己的CD转盘和数模转换解码器（DAC）进入数字领域，进一步扩大了产品线。1995年的JS1解码器是一款非常独特的机器，它挑战了这个十年的多比特阶梯法的潮流。Jadis使用单比特方法，再次证明了它是以自己的方式做事，包括在其电子管A类解码器上使用散热器，在放大器上这是常见的做法，但在解码器上肯定不是。

为了与JS1的性能匹配，Jadis提供了配套的J1 CD转盘。J1的重量为66lb（30kg），而且体积比大多数放大器还大，被用于强化该公司的精品形象以及与众不同。

5.3	SE300B放大器，JADIS，1996年
5.4	EURYTHMIE II 音箱，JADIS，1996年

5.3

5.5

5.6

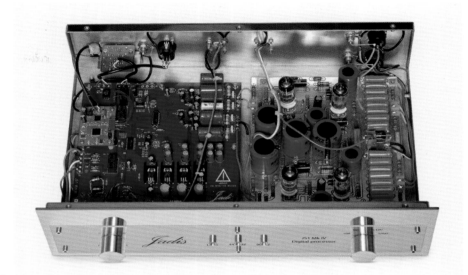

5.7

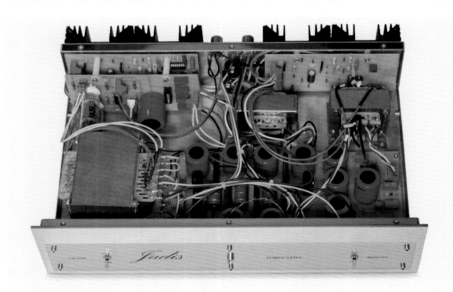

5.8

5.9

Kondo Audio Note

近藤公康（Hiroyasu Kondo）成为这个十年低功率电子管放大器运动中毫无争议的老前辈。近藤的音乐敏感性在他的成长岁月中得到磨炼，吟唱和古典音乐显然给他留下了强烈的精神印记。他曾在Sony(索尼)担任录音工程师，改进该品牌的录音设备，直到1976年。近藤改进设备以及追求更好声音的习惯，加上对它的企业文化不认同，使他离开索尼设立了自己的公司——Kondo Audio Note。他的个人主义精神不仅使他能够朝着自己的方向前进，而且让他能够精确地以自己的方式做每一件事。这意味着一种绝对主义、不妥协的方法，就像他在制造自己的变压器和电容器时，从意大利采购最高纯度的银线，相信只有银才能表达音乐真正的活力和色彩，难怪近藤很快就赢得了"音响银匠"的绰号。

由于只有两名员工手工制作组件，这是一个缓慢的过程，但以近藤的精湛技艺来看，无法想象能有别的方式。众所周知，他想要仅仅依靠聆听来猜测小提琴家可能在前一天晚上与妻子吵架了，由此可见他的艺术激情的程度。近藤认为，这种感知艺术家情感状况的能力只能来自他自己对音响设备设计的洞察。这意味着单端电路和三极电子管等元素对于实现这种崇高愿望是至关重要的——尽管他确实勉强地允许正确实施推挽电路。

在20世纪90年代初期，该公司的Ongaku合并式放大器凭借其单端架构的低功率211电子管在音响领域掀起了热潮。Ongaku能够提供比它每声道27W的额定功率更强大的声音，证明了SET（单端三极电子管）设计的有效性，也证明了与这种独特的精心制作相关的高价格的合理性。在近藤的掌舵下，消费者愿意花高价买低功率，在发烧友中产生了一种新的思维模式。

近藤将他的产品概念化，就像摩根吉他或者杜森伯格吉他那样——在这两种吉他的生产中，工人都对过程感到非常自豪。用"音响银匠"自己的话来说，这个过程应该是"全力以赴地努力，一切都尽可能好地完成"[1]。对他来说，这只能通过手工制作的方式实现。

在2006年近藤去世时，他留下了一种纯粹主义的High-End艺术形式。他没有被平庸的经济负担所束缚，以今天仍然可以引起共鸣的方式改变了音响。

Fi

另一位非常独特的音频设计师出现在电子管领域中，带来了一种无与伦比的设计美学。如果说三极电子管流派曾经有一位游吟诗人来传达其意图，那么唐·加伯（Don Garber）就是它的抒情诗人。这位布鲁克林的艺术家白天是画家，晚上是音响工匠，他忠于他的音响设计理念，从未偏离他的信念：只有SET才能产生最真实的保真度。他的首选三极管是2A3、300B、421A和46，这些三极管主要来自西电的旧库存，是唐·加伯灵感的真正来源，他将之引入他在Fi制造的放大器和前置放大器，Fi是他于1992年开设的Hi-Fi工场。

加伯作品中开放、多层次的架构传达了一种几乎是转移到音响应用中的缩小版的包豪斯概念。这些先进的组件是这一类别中的先锋，唐·加伯不断完善它们，直到2017年去世。从以下来自Fi 2A3立体声促销传单的摘录，可以管窥唐·加伯的远见卓识：

> Fi始于多年前一次单端三极管放大器的聆听结果……在我看来，这种简单性……得到了最自然和最真实的结果。这就是我听到的，其原因我只能猜测。这只能提供给你一个非常低功率的放大器（在我这里是直接耦合的2A3）。也许是害怕被当成某种傻瓜或者是渴望得到更广泛的吸引力，似乎设计师们对单端三极管放大器的第一反应就是想方设法提高其功率。我知道。我试过，也听过很多并联放

①Masahiro Shibazaki 引自Jonathan Scull, "Hiroyasu Kondo: Audio Notes", Stereophile, July 8, 2007.

大器、连接三极管的五极管等，我所能说的不过是"还不错"。在我看来，追求功率是一种退步。②

5.10   M-10前置放大器，KONDO AUDIO NOTE, 1996年

② Don Garber 引自 Jeff Day, "Fi 2A3 Monos", sixmoons, July 2004.

5.10

5.12

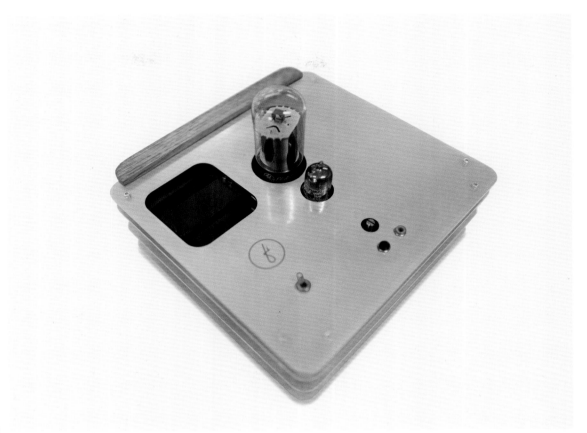

5.15

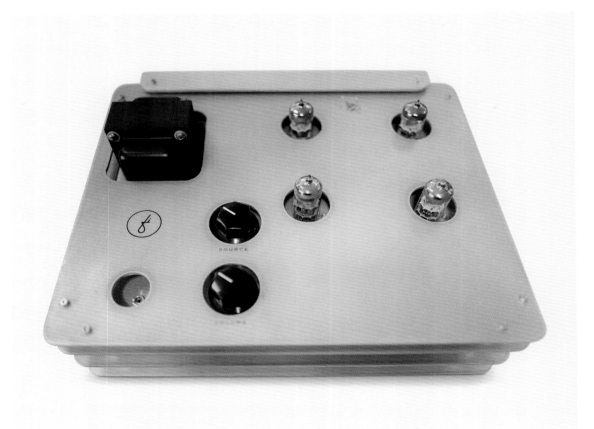

5.16

5.17

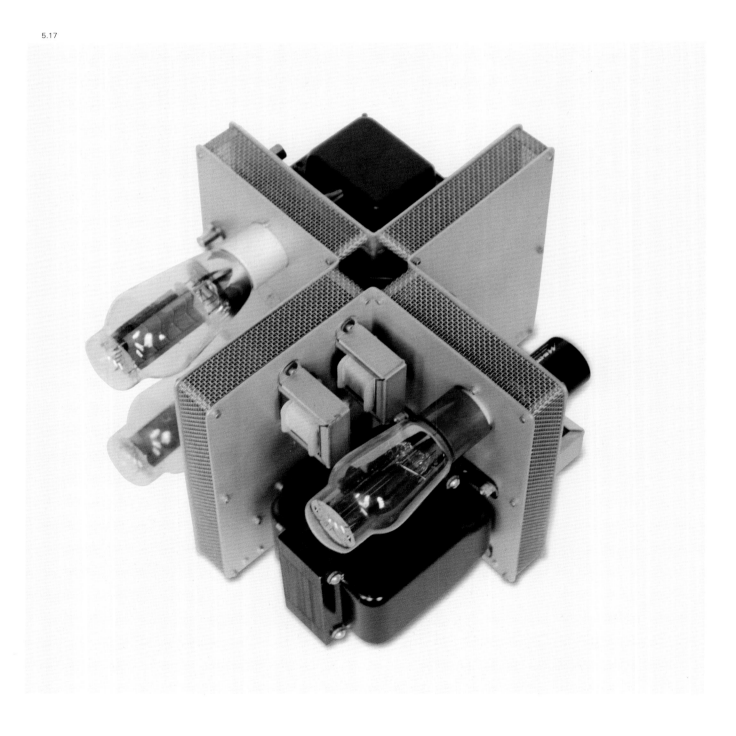

5.18

5.19

尽管像近藤和加伯这样的人主理的品牌具有真实而崇高的意图，但它们面临着一个非常现实的障碍：考虑到每个声道的功率只有不到10W，如何找到一个声压水平真正可以接受的音箱。传统的多单元音箱由于其低灵敏度和低效率而被排除了；单个宽频单元以及同轴音箱的效率虽然合适，但它们大多是复古类型，并且被降级到DIY领域。因此，带着对过去的致敬，号角型音箱以其非常高的效率成为最可行的候选。

与备受尊敬但老旧过时的Klipschorn或JBL号角加载设计不同，20世纪90年代出现的新灵感将号角设计提升到最高水平。Avantgarde和Acapella是两家德国公司，它们对各种号角都有浓厚的兴趣，凭借其诱人且新颖的号角设计而变得越来越引人注目。

Avantgarde Acoustic

对于Avantgarde Acoustic（喇叭花声学）的创始人霍尔格·弗洛姆（HolgerFromme）来说，促使他完成自己使命的是一个愿望：复制号角和PA放大器在现场音乐会上发出的声音。他对自己在学生时代参加的音乐会的动态印象深刻，因此购买了一对房间角落装载式号角音箱，最后寻求改进这个配置的办法。在此期间，他遇到了设计师/工程师马蒂亚斯·拉夫（Matthias Ruff），他们一起开始使用定制的塑料模具设计尖端的球形号角。随着他们不断地改进设计，一些型号也同时提供被动或主动的动圈式低音单元。无论采用何种方式，Avantgarde始终为那些崇敬低功率电子管放大器的人提供高效率和实用可行的解决方案。Avantgarde第一批进入20世纪90年代市场的产品是Trio、Duo和Uno，所有这些型号都不断被修改完善。对旧格式的复兴使得Avantgarde能够让市场信服号角在现代High-End系统中的地位。弗洛姆和拉夫从未停止对号角理想主义的追求，并继续赢得主流和工业设计界的赞誉和奖项。

Acapella Audio Arts

另一家加入号角复兴运动的德国公司是1978年成立的Acapella Audio Arts（阿卡佩拉音响艺术）。Acapella的创始人阿尔弗雷德·鲁道夫（Alfred Rudolph）和赫尔曼·温特斯（Hermann Winters）声称自己发明了与Avantgarde号角共有的球形号角设计[3]。受到小号能量的启发，他们开始着手设计能够令人信服地再现这种乐器的音箱。他们的设计有一个独特而非凡的特征是实现了等离子体高音单元，从而将频率范围扩展到远高于号角的上限。

Acapella的Sphron Excalibur于1999年推出，这是它当时的旗舰产品，也是它今日的旗舰（以其修订后的形式），最终成为业界售价最有魄力的音箱之一，价格为45.5万美元，相应的，重量也是惊人的2728lb（1237kg）[4]。出现这样的产品在几年前是不可想象的，然而号角经历了一场非同寻常的脱胎换骨，使它们定位于High-End的最高行列。毫无疑问，Acapella在这场转变中发挥了重要作用，目前仍然保持着创意号角设计的领先制造商的美誉。

5.20 TRIO CLASSICO XD音箱, AVANTGARDE ACOUSTIC, 2015年

③ "The Inventor of the Spherical Horns: Acapella Audio Arts", Acapella company website, accessed December 5, 2018.
④ Scott Wilkinson, "Acapella Sphären Excalibur Speaker", Sound & Vision, May 3, 2010.

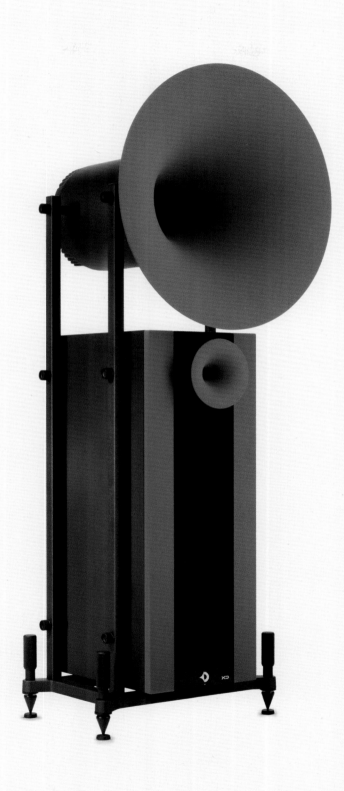

5.25

在20世纪90年代，并不是所有人都支持低功率电子管运动。就像低功率粉丝们一样的热情勃发，高功率电子管的设计者正在用他们自己的时尚组件与三极管流派齐驱并驾。

Conrad–Johnson

美国对High–End音响，特别是对电子管音响的伟大贡献之一是Conrad–Johnson。从20世纪70年代中期公司设立开始，该品牌组件的香槟色饰面就保持一贯不变，同样不变的还有它忠实的粉丝群和鲜明的中频特色。

Conrad–Johnson由两位经济学家威廉·康拉德（William Conrad）博士和刘易斯·约翰逊（Lewis Johnson）博士创立，他们的重点完全集中在音乐上，从该品牌网站上给出的设计哲学中可以明显看出："从中档的到最高级的，立体声系统唯一的合理功能，就是使听众能够享受音乐演出的情感体验。"[5]这种与音乐的重要联系如今仍然是该公司的根基，而对过去的基于电子管的设计的某种谦逊和尊重令人佩服地固化在他们的方法之中。正如比尔·康拉德（译注：即威廉·康拉德的昵称）在2017年接受*Positive Feed back*杂志采访时所解释的那样："刘易斯和我关键的几个共同点在于，我们对音乐的热爱，对早期使用电子管重放音乐的努力所取得的成就的尊重，以及对大多数失败的当代晶体管设计的强烈失望。"[6]

到了20世纪90年代，Conrad–Johnson已经享有确定的声誉，而该品牌经过修改和高度润饰之后，将提升到High–End的更高地位。

5.26　周年纪念参考级三极管 (ART)前置放大器，CONRAD–JOHNSON，1996

⑤ "The Conrad-Johnson Story", Conrad-Johnson company website, accessed December 5, 2018.
⑥ Bill Conrad 引自Myles B. Astor, "A Look Back at Bill Conrad and Lew Johnson's 40 Years in High-End Audio, Part 2: 'It Just Sounds Right'," Positive Feedback 94, December 17, 2017.

5.26

5.27

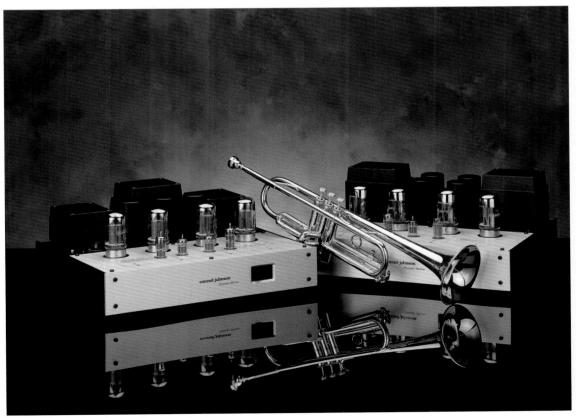

5.28

Lamm Industries

2000年，*Boston Globe*采访了弗拉基米尔·舒舒林（Vladimir Shushurin），他是Lamm（莱恩）High-End音响设备的主人：

> 现年54岁的弗拉基米尔·舒舒林（Vladimir Shushurin）坐在羊头湾（Sheeps-head Bay）的地下室里，布鲁克林的这个地区多数人是俄罗斯移民。他正在制造被顶级高保真杂志认为是世界上最好的放大器。这样的放大器他卖得不多。它们价格昂贵，从最便宜型号的1.6万美元到他的顶级产品的3万美元不等。"我可以制造更便宜的放大器，更差的放大器。"他耸耸肩说，"我知道该怎么做，但是我为什么要这样做呢？我不能离开苏联一路跑到这里来妥协。"[⑦]

舒舒林于1987年抵达美国，在美国以Lamm为姓。到美国后他没有浪费时间，马上就将他在苏联积累的专业知识和经验应用于High-End市场，并于1993年创立了Lamm Industries。他曾经在苏联军事机构担任工程师，在音响相关事务中也是这样，他应用这些知识和经历以确保Lamm成为一个重要的High-End品牌。

舒舒林的来历在他的ML1电子管放大器上体现得最为明显，其顶板让一位评论家想起了"冷战时期的轰炸机"[⑧]。但是，是他使用的电子管——俄罗斯的6C33C三极管——最终让他暴露了。大电流三极管传统上用于俄罗斯军用飞机，被舒舒林创造性地用于他的ML1放大器中，这是它较为和平的用途。

Klimo

Klimo（克里木）的故事相当鲜为人知，尽管它生产了一些有史以来听感最好的电子管音响设备。Klimo与其他品牌的不同之处在于它使用的钢材、上漆的实木和透明的丙烯酸树脂，所有这些都引起了挑剔的发烧友的关注。住在德国的捷克工程师杜尚克里木（Dušan Klimo）能够通过不同的方法采用不同的电路来制造放大器，他甚至采用了无输出变压器（OTL）设计，这种设计与美国工程师朱利叶斯·富特曼（Julius Futterman）的关系倒是更知名。虽然该公司的第一个产品发布于1977年，但是它们无疑经得起时间的考验，在Klimo的产品目录里保留了20多年。

5.29~5.31　ML1 放大器，弗拉基米尔·拉姆，LAMM INDUSTRIES，1995年

---

⑦ Fred Kaplan, "Sound Man", Boston Globe, March 26, 2000.
⑧ Joanthan Scull, "Lamm Industries ML1 Monoblock Power Amplifier", Stereophile, May 20, 2000.

5.29

5.30

5.31

5.34

在20世纪80年代和90年代，家用音箱各种设计类型的使用都增加了，无论是动圈、带式、静电还是号角。High-End资源被分配给制造监听音箱——主要为录音室设计的有源或主动式音箱，它们相对较小，通常是落地式的，内置功率放大器。市面上许多监听音箱都具有出色的声音，它们由ADS、Allison、B&W、KEF、ProAc、Spica和Wharfedale，以及无数其他公司制造。然而，这些音箱最终退场了，被Wilson Audio、Pawel Acoustics、Sonus Faber和Celestion主导的新一代超尖端型号所取代。

Wilson Audio

在20世纪80年代中期，美国的大卫·威尔逊（David Wilson）打算制造一个定位于最高级别的点声源监听箱，为解析力、速度和准确性设定标准。与Goldmund高惰性和高密度的Dialogue音箱（见第154页）的风格相似，Wilson（威信）的箱体采用矿物填充的甲基丙烯酸酯聚合物制造，其调音和阻尼通过放置铅板实现。选择的高音单元是改款的Focal 120，而中音单元则来自Seas，后来来自Scanspeak。高音单元和低音单元的修改帮助Wilson进一步提高了这个监听音箱的性能。他的作品名为Wilson Audio Tiny Tot（WATT），既备受赞誉，又饱受争议。[⑨]

在接下来的10年，Wilson决定引入位于监听音箱下方的"Puppy"低音单元音柱，以增强WATT的低音性能。Watt/Puppy组合能够发出惊人的低音，但仍然保持着中等大小的占地，在适度的身材中提供了强大惊人的声音。第一个Puppy音柱是由木质中密度纤维板（MDF）制成，后来Wilson用与WATT相同的惰性聚合物取代了。在这10年中，Watt/Puppy搭配经历了各种迭代升级，一路上不停地收获赞誉。

Pawel Acoustics

与大卫·威尔逊一样，另一位著名的音箱设计师也开始从事High-End监听箱设计。在17岁时，瑞士的哈里·帕维尔（Harry Pawel）已经制造了自己的静电音箱和放大器。他被称为"电子奇才"[⑩]，无疑是他那个时代最有才华的音箱设计师之一。

帕维尔的PA1监听箱以及它在20世纪90年代的所有衍生版本都是各种元素的艺术化混合，其中之一是Podzsus-Görlich铝覆膜硬质泡沫锥盆，基于20世纪30年代的原始Zellaton设计（见第18页）。这种极其坚硬、快速的中音锥盆单元是手工制作的，使用精选的磁铁和音圈，这让许多人认为它具有静电音箱水平的线性度。帕维尔从丹麦的Hiquphon公司采购他的高音单元，而他的被动低音单元来自KEF。但帕维尔的巧妙应用比所有这些部件都更重要。帕维尔是为瑞士公司Ensemble和Goldmund设计PA1的，后者将他们的版本命名为Prologue。然而，无论它以什么品牌销售，哈里·帕维尔大师级音箱制作的印记都嵌入其中。

⑨ Wes Phillips, "Wilson Audio WATT/Puppy System 5 Loudspeaker", Stereophile, November 23, 1995.
⑩ Dick Olsher, "Pawel/Ensemble PA-1 & Reference Loudspeakers", Stereophile, February 24, 2012.

5.35

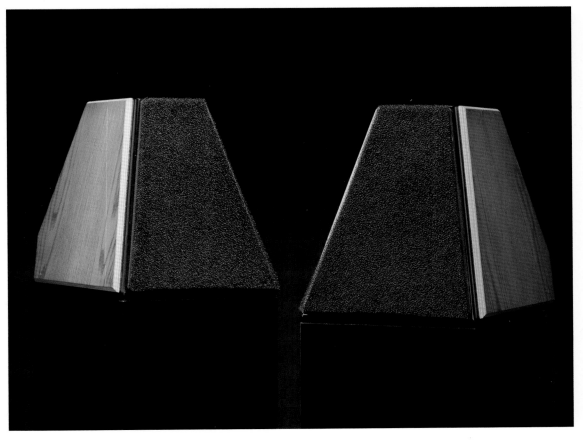

5.36

5.38

Sonus Faber

佛朗哥·塞尔布林（Franco Serblin）也许是对意大利音箱设计最伟大的贡献者，于1983年创立Sonus Faber（世霸）的他不仅拥有良好的耳朵，而且对设计也有很好的眼光。他的木质监听箱以费时的传统方式雕刻，Extrema是其中的顶级型号。正如*Stereophile*杂志的马丁·科洛姆斯（Martin Colloms）所说的那样，Sonus Faber Extrema代表了"音箱设计艺术最充分的表达之一：性能绝对是第一位的，价格只是一个次要的考虑因素（如果你正在制造与意大利超级跑车相当的音箱，成本怎么会重要）"[11]。

塞尔布林采用了Dynaudio独有的Esotar高音单元，一个专用的Skaaning中低音单元，并且就像Pawel一样，他在背面使用了KEF无源辐射器——所有这些都装在不可撼动的88lb（40kg）重的箱体之中。Extrema因其音乐性和精妙技巧而备受推崇，是塞尔布林匠心和格调的证明。

Celestion

英国公司Celestion（百变龙）成立于1924年，以制作一流的监听箱而闻名，Celestion SL600在20世纪80年代初上市时被视为英国音频专业技术的又一个化身。它与BBC LS3/5A颇为相似，具有阴暗的表现，强调关键性的中音。对于许多人来说，由于SL600避免了过高的声音解析力，是Quad EL-57或EL-63的自然延续。然而，随着Celestion通过技术的进步和实施，SL600与其前辈们区分开来，相似之处就此为止。最显著的特征是它用铝质蜂窝材料Airolam制成的箱体——与航空工业中使用的板材相同。它非常轻而且坚硬，以其轻质量和高刚度比挑战了传统的MDF或木材，专有的铜膜球顶高音单元和用激光干涉测量法设计的中音和低音单元给已经是高科技的箱体再添技术优势。到20世纪80年代末，Celestion用SL600si取代了SL600，进一步提升了这个监听箱的优点，使之成为这个十年最引人瞩目的High-End监听箱之一。

5.39　SL600si音箱，CELESTION，1989年

---

[11] Martin Colloms, "Sonus Faber Extrema Loudspeaker", Stereophile, June 7, 1995.

5.39

5.40

5.41

Bang & Olufsen

上一次我们讨论丹麦音响设计潮流引领者Bang & Olufsen（B&O），是回到了立体声音响起源的早期历史阶段。由于它在High-End世界中的地位，在任何关于20世纪90年代音响的讨论中，B&O独特的文化影响力，以及对行业未来的启示都值得深入探讨。

从1964年到1991年，工业设计师雅各布·延森在B&O电子上留下了永久的印记。从他简约的、形式跟随功能的方法，他转向了"形式跟随感觉"的理念，并用这种情感品质浸透了他的音响设计[12]。延森对B&O的最终贡献，以分体式音响组件的形式，把他长期以来的优先权与该品牌的专业技术知识融为一体，他的Beo系列被植入并内化于B&O的音响形式之中。与延森的电子产品的功能极简主义相对应，工业设计师大卫·刘易斯以及隆那（Lone）和吉迪恩·林丁格–洛维（Gideon Lindinger-Loewy）在音箱方面贡献了他们的技能，分别设计了被动式的Red Line和主动式的PentaLab系列。

毫无疑问，B&O推出了"生活方式音响"的概念（并因此获得成功），这个术语在今天是如此的流行，以至于很难想象B&O及迪特·拉姆斯（Dieter Rams）（译注：迪特·拉姆斯为著名德国工业设计师，长期任Braun的首席设计师）启发的Braun/ADS美学，曾经是为数不多的提供前卫及高端设计导向的整体式立柜音响、分体式组件和音箱的法律实体之一。然而，对于许多发烧友来说，"生活方式"这个词伴随着不可避免的妥协，他们认为，这意味着平衡是倾向于设计及其（被认为是）可鄙的营销动力，而不是倾向于纯粹高保真的高尚美德。

就像我们将在下一章中看到的那样，在21世纪，随着苹果iPod和MP3音乐文件的推出，以及它们影响了我们对High-End音响作用的看法，这一争论变得更加激烈。市场无疑扩大了传统的音响愿景，重点是音乐的可及性、便携性和便利性。然而，这种思维方式的转变并没有阻止High-End与新运动一起发展（和繁荣）。

5.42　BEOSYSTEM 6500音响系统，雅各布·延森，BANG & OLUFSEN，1989年

---

[12] "Jacob Jensen, Product Designer, 1926–2015", Financial Times, May 22, 2015.

5.42

5.43

5.44

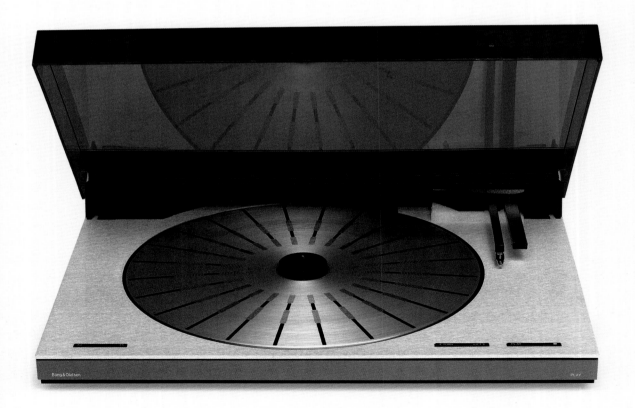

5.45 BEOLAB PENTA音箱, 隆那和吉迪恩·林丁格-洛维, BANG & OLUFSEN, 1986年

5.46 BEOVOX RL音箱, 大卫·刘易斯, BANG & OLUFSEN, 1984年

5.45

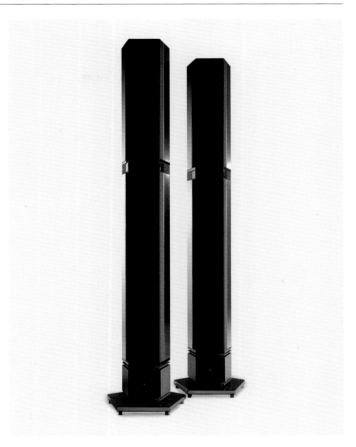

5.46

第6章

21世纪00年代　　后数字模拟复兴

第6章　21世纪00年代 后数字模拟复兴

· ⎯⎯ MP3的兴起

　　世纪之交带来了苹果光鲜亮丽的iPod。iPod发布于2001年底，对于高保真音响来说，这是一个潜在的毁灭性产品，对于High-End音响来说，甚至可能更是这样。虽然iPod不是第一个MP3播放器，但它无疑成为最突出和最有生命力的播放器，并最终说明了现代社会在音响使用习惯上的变化。在强调存储和便利的同时，并没有太多的讨论是关于音质的，而音质的优点是爱迪生、费雪和马兰士以及20世纪无数其他音响创新者背后的驱动力。

　　iPod似乎与史蒂夫·乔布斯在大约20年前展示的发烧友哲学相矛盾，它背离了音响仪式的本质以及对最佳音质的追求。支持iPod的技术基于MP3压缩，通过从原始录音中剥离数据，从而大幅度地压缩音乐文件，在这个过程中牺牲了音乐信息和音质。这项技术显然是强调（音乐的）数量而不是质量，这种便利性对于市场来说简直太诱人了，无法抗拒。法国经济学家雅克·阿塔利（Jacques Attali）在1977年预言了这对音乐本身来说将意味着什么[①]，他认为技术最终会牺牲音乐的表达和它在市场上的经济实现。未经授权的文件共享、盗版和未得到报酬的艺术家，这些是对他的预测最有力的证明。

　　由于High-End音响始终存在于它们与20世纪的音乐时代精神及其唱片、磁带和CD等各种物理媒介的共生关系之中，因此可以想象阿塔利的预言已经敲响了Hi-Fi音响的丧钟。从更广阔的角度来看，MP3奠定了一个基础，在这个基础上，便利性的概念可以控制音响市场。传统的基于分体式组件的立体声音响曾经是客厅的核心，现在开始让位给壁挂式和天花板式音箱，它们在音响质量上与超市播放的音乐没有什么不同。双声道音响系统很快受到了多声道环绕声的挑战，后者强调电影式的"爆炸"效果，而不是音乐性的质感和微妙差别。在本文撰写时，最新的流行趋势是无线传输的音乐，这些音乐从可乐罐大小的小音箱发出，这种重放方式背后的营销心理学会让公众相信这种形式的音响设备优于传统的音响。

　　然而，尽管出现了这种新的、对抗性的音响现象，但High-End音响出乎意料地坚持下来了，新公司不断出现并创造了极致的产品，与几年前的Cello以及Apogee非常相似。

6.1　IPOD MP3播放器，APPLE，2001年

[①] Jacques Attali, Noise: The Political Economy of Music (Minneapolis: University of Minnesota Press, 1985).

6.1

High-End音响恢复力故事的一个续集是模拟设备的复兴，包括新的黑胶唱片制造商和艺术家挖掘模拟录音的魔力。每年的唱片店日（译注：2007年开始始于美国的，由美国和世界各地的独立唱片店和小型唱片店以及音乐爱好者、艺术家等共同举办的年度庆祝活动）以庆祝所有的模拟事物为标志，这在CD主导的20世纪90年代是不可想象的。但随着CD最近的衰落，MP3流媒体取代它们成为占主导地位的数字音乐格式，市场已经被黑胶唱片所吸引，将它当作首选的物理媒介。推动这场模拟复兴的是人类与有形艺术形式建立联系的诚挚愿望，回归到与模拟及其设备相联系的感官品质——最能说明问题的是LP。

为满足新世纪的模拟愿望，老的和新的High-End实体共同创造了一个模拟乌托邦，在应用、技术和设计方面均超出了过去的预期。一些品牌摒弃了先前的惯例，对唱机机械进行了大幅度的重新诠释，而另一些品牌则选择对先前的模拟设备进行精调。换句话说，一个唱盘可以以不同的方式旋转，在这里是不同流派的杰出倡导者可以以不同的方式起作用。

47 Laboratory

在21世纪00年代初，木村准二（Junji Kimura）的47 Labs越来越引人注目，成为历史上最独特的音响品牌之一，不同于唐·加伯在Fi的绝对主义及艺术方法，木村将他的哲学根植于三个原则[2]：

- 简化所有技术。
- 相信并用自己的耳朵判断声音的质量，不依赖于测试设备确定的测量值。
- 只有最简单的才能容纳最复杂的。

这种三管齐下的哲学是木村的Koma唱机和Tsurube唱臂背后的逻辑，这款唱机是一个采用两个反向旋转的唱盘的引人注目的组合。这种非同寻常的应用是木村倡导的，目的是减少噪声基底（有时称为房间音）并提高旋转的稳定性。这种方法试图通过使用两个以相同速度反向旋转的盘片来抵消单个盘片的潜在不稳定性。当然，它为这个设计增添了一种有趣的机械吸引力。

6.2　　4724 KOMA唱机与4725 TSURUBE唱臂，47 LABS，2007年

② "About 47 Laboratory", Sakura Systems company website, accessed October 5, 2018.

Artisan Fidelity

克里斯托弗·桑顿（Christopher Thornton）是Artisan Fidelity背后的印第安纳州工匠，他不太关心新的唱机设计，而是将自己的才华用于修复旧的Garrard、Thorens和Technics唱机。他尊重原来的惰轮或直接驱动机制，用珍奇的木材和金属重新设计机身，创造了完全不一样的经典。

以桑顿对Garrard 301的重新诠释为例。桑顿采用倒置模块化轴承和基于唱盘的架构，有效地降低了重心，将301提升到现代标准。唱盘材料选择范围从铜合金、镁、7075铝到不锈钢，多样化的选择产生了多样化的声音结果，迎合了LP播放的主观偏好。

Brinkmann

与木村准二一样，模拟大师赫尔穆特·布林克曼（Helmut Brinkmann）也有一套自己的信念，他已经推崇了30多年。这些信念是[3]：

- · 准确一致的速度；
- · 轻柔的沟槽跟踪；
- · 对外部和内部振动高度免疫；
- · 唱盘和唱臂轴承的极度安静和低摩擦。

他的同名品牌Brinkmannn是德国坚定不移的精致唱机设计领导者之一。Brinkmannn并不将自己局限在对应该如何驱动唱盘的狭隘解释之中，同时开发皮带驱动式和直接驱动式唱机，展示了许多其他品牌难以企及的模拟应用范围。

Clearaudio

另一位德国模拟专家Clearaudio（清澈）自20世纪70年代末以来一直在设计亚克力雕刻的唱机、唱臂和唱头。早期，创始人彼得·苏奇（Peter Suchy）接受了索瑟（Souther）的线性跟踪臂概念，这种唱片沟槽跟踪方式的目的是反映唱片的刻写方式，其论点是唱片的跟踪应当类似于唱片车床第一次刻录沟槽的过程。

6.3~6.4	TD124 STATEMENT唱机，THORENS，由ARTISAN FIDELITY修复，约2015年
6.5~6.6	301 STATEMENT 唱机，GARRARD，由ARTISAN FIDELITY修复，2016年

③ Home page, Brinkman company website, accessed October 5, 2018.

6.3

6.4

6.5

6.6

6.7

6.8

6.9   STATEMENT唱机V2，CLEARAUDIO，2008年

6.10   TT-2线性跟踪唱臂，CLEARAUDIO，2012年

6.9

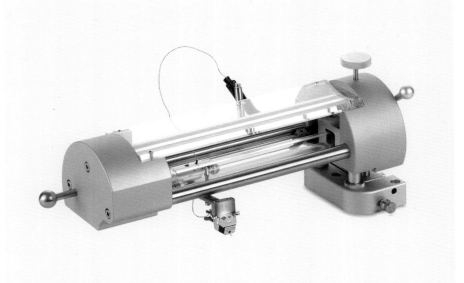

6.10

SME

英国公司Scale Model Equipment Company（SME）具有70多年的历史，以不可撼动的制造质量和精密工程而闻名。该公司著名的唱臂一直受到模拟用户的青睐，这并不奇怪，因为该品牌的声誉就是建立在其早期的唱臂设计之上的。1959年，创始人阿拉斯泰尔·罗伯逊-艾克曼（Alastair Robertson-Aikman）为他自己的个人Hi-Fi系统制造了一款唱臂。他的伙伴们对此印象深刻，敦促他将其商业化，不久之后，Series1唱臂就推出了。如今，随着模拟复兴的进行，SME继续坚持罗伯逊-艾克曼的遗产，生产唱机和唱臂。

Holbo

如果你问博斯蒂安·霍尔克（Bostjan Holc），模拟重放的最大敌人是什么，他很可能会笑着说出"摩擦"这个词。霍尔克的目标非常明确：制造一个空气悬浮唱机和空气悬浮线性跟踪唱臂。当这些部件漂浮在压缩机产生的气垫上时，霍尔克认为他已经有效地解决了不必要的摩擦和振动问题，他在斯洛文尼亚的公司采用了大量的技术来完成这项任务。虽然这些方案在High-End唱机/唱臂设计中有过先例，但大多数已经被放弃，转向不那么复杂的方案。Holbo唱机的外观惊人的简单，掩盖着实施这些模拟工程壮举所涉及的复杂性。

Thales

来看一下瑞士，这个音响世界的微精密神经中枢。米查·胡贝尔（Micha Huber）鲜明、纯粹的创作仍然遵循他的国家丰厚的模拟设计历史，尤其是Thorens和Studer-Revox的。胡贝尔的唱机使用可充电电池，受益于"离网"运行，因而免于受到许多人认为的电网方面问题的影响，他们声称这些问题会对理想的保真度造成干扰。Thales思维的新颖性也延续到它的双臂管设计中，在这种设计中线性和旋转式唱臂的优点交织在一起，以实现几何上理想的跟踪。

6.11	MODEL 30唱机，SME，2008年
6.12~6.13	MODEL 15唱机，SME，2015年

6.11

6.12

6.13

6.14

6.15

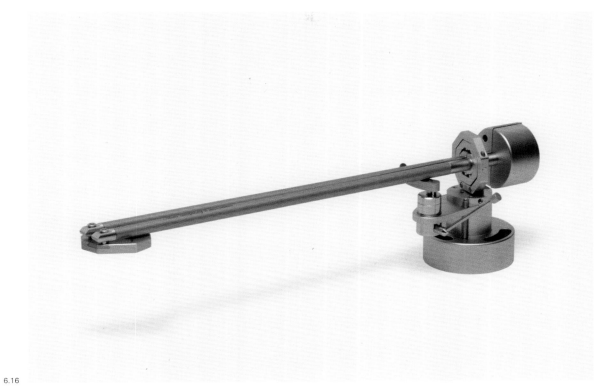

6.16

6.17

Audio Consulting

　　塞尔日·施密德林（Serge Schmidlin）为他的全球客户定制组件和音箱。施密德林的瑞士公司Audio Consulting采用冷冻处理的银线绕制公司内部生产的变压器，所有磁性元件均由手工绕制，探索最不寻常的技术路线，以实现终极保真度。奇异的陈年木材与锻造金属混搭，创造出诱人的异国情调的组件。以纯粹的方式——它们都是电池供电的，可以有效地脱离电网运行。

　　施密德林的定制方法在他的唱机设计中最有说服力，该唱机设计安装了使用银线圈的直接驱动电动机以及反馈回路中的银线变压器，没有什么能逃脱他最仔细的审视。他的Meteor-Stealth唱机由老化的木材制成，没有平坦的表面，因此避免了任何可能对音质有害的驻波或能量蓄积。

6.18　METEOR SILVER ROCK TOROIDAL唱机放大器，塞尔日·施密德林，AUDIO CONSULTING，2015年

6.18

6.19

6.20

借着新唱机的行业发展势头，唱机唱头的设计也经历了自己的重新觉醒。鉴于过去一百年以来技术的不断发展和成熟，新的设计无须从头开始，就可以充分发挥唱头技术的精妙艺术。

EMT

如前所述，EMT模拟设备的传统在广播唱机、唱臂和唱头中有着悠久的故事。现在，EMT唱机以家用为重点，保持了与它的前辈相同的工业和音乐标准。2018年，HiFiction的米查·胡贝尔，这位年轻而才华横溢的瑞士Thales唱机和唱臂设计师，接管了EMT的生产，同时扩大产品线并保留公司在唱头技术方面的传统。为了纪念成立75周年，该公司发布了JSD S75，其特色是采用了镀金铝镍钴磁铁（复古圈的最爱）。

Koetsu

日本Koetsu（光悦）公司以其在唱头制造中使用诱人的奇异石材和木料而闻名。玉石、生漆和蔷薇辉石等材料以各种方式组合制成唱头壳体，每种类型都产生了独特的声音特征。然而，尽管存在各种变化，该系列始终与这个备受推崇的品牌相关的浪漫声音联系在一起。该品牌是以伟大的京都书法家、工艺师和漆艺师本阿弥光悦（Honami Koetsu）的名字命名的，公司创始人菅野义信（Yoshiaki Sugano）显然很欣赏这位艺术家，经常在他的唱头设计中反映光悦的16世纪工艺。然而，在精致的唱头外壳内，菅野在他创作的技术方面贯彻了自己的思想，使用了最好的超高纯度6N铜和稀有的铂铁磁铁。虽然菅野义信已经不在了，但他的儿子文彦继承了父亲的手工艺，延续Koetsu的品牌和传统。

6.21	HSD 006唱头，EMT，2018年	
6.22	JSD铂金唱头，EMT，2019年	
6.23	JSD 5黄金唱头，EMT，2010年	

6.21

6.22

6.23

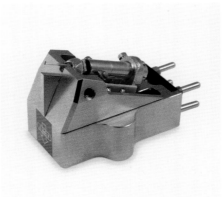

6.24

6.25

6.26

Fuuga-Miyabi

20世纪00年代初，Miyabi（在日语中意为"雅"）唱头因其独特的铝镍钴磁铁和手工制作的外壳而受到高度追捧。它的苦行设计师武田春雄（Haruo Takeda）由于难以采购关键部件，只能在有限的时间内生产它。由于人们对其优点的记忆挥之不去，年轻的日本设计师助广哲也（Tetsuya Sukehiro）和经验丰富的唱头设计师长尾修（Osamu Nagao）决定重振Miyabi的传奇。2014年的成果是Fuuga（日语中的"风雅"），一个重新构思的，完全现代化的Miyabi，其外壳包含三层硬铝合金，这是一种经久耐用的铝合金，具有中性平衡的听感。

Miyajima Laboratory

日本唱头设计的另一个宝藏是宫岛敬之（Noriyuki Miyajima），他的公司崇敬托马斯·爱迪生的发明精神。正如爱迪生尝试用碳化竹子制作轻质灯丝一样，宫岛敬之也使用了刚竹（madake），一种来自京都山脉的巨型"木竹"，以耐用的特性而闻名。宫岛敬之还使用其他奇异的材料，包括愈创木，一种来自加勒比海和南美热带地区的极其稳定、坚固且越来越稀有的木材。

Jan Allaerts

扬·阿拉茨（Jan Allaerts）是日本珍稀流派的欧洲同行，是比利时最高级别的单人经营公司。阿拉茨为他的漫长的订货周期和缓慢的周转时间感到自豪，他不关心经济、营销或商业计划。他的工具就是他的手，他煞费苦心打造的唱头因其关键设计元素的组合而受到模拟爱好者的崇拜。其亮点包括采用超细铜线手动绕制线圈的费力且耗时的过程，手工铣削的极其精致的铝制外壳，以及用在唱针尖端的精密切割抛光钻石。自1978年面市以来，阿拉茨的唱头由于在唱头创作中的明智和严格的纪律而保持稳定不变。

Ortofon

随着较小规模、更具发展潜力的工场焕发出High-End唱头技艺的活力和创造力，世界领先的唱头制造商之——丹麦的Ortofon（高度风）证明，资源和经验也可以产生High-End成果。Ortofon的历史可以追溯到1918年，是当今最成熟的唱头生产商之一。该公司开发了可以激光焊接微颗粒的选择性激光熔化（SLM）技术，并进一步利用了快速制造（RM）工艺的优势，这种工艺允许从3D文件制造不同材料的零件。利用这种能力，Ortofon把钛用在唱头外壳中，重量虽轻却具有非常高的刚性和密度。

6.27　FUUGA MC唱头, 长尾修与助广哲也, FUUGA-MIYABI, 2014年

6.28　刚竹唱头, 宫岛敬之, MIYAJIMA LABORATORY, 2014年

6.29　SABOTEN唱头, 宫岛敬之, MIYAJIMA LABORATORY, 2017年

6.27

6.28

6.29

6.30

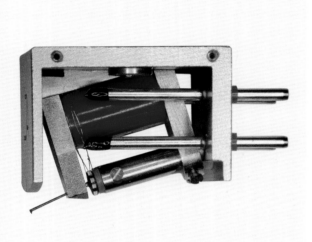

6.31

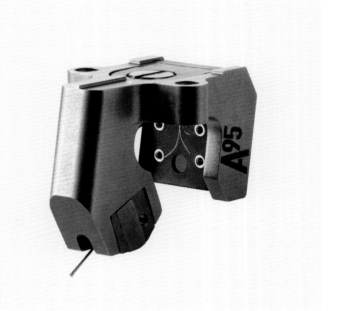

6.32

当模拟技术在High-End环境中重建自己时，数字技术也随着新近多样化的音乐来源在音质方面取得了长足的进步。早期的MP3因保真度不佳而逐渐退场，取而代之的是改进了的音乐流媒体和高分辨率下载。许多用户仍然将音乐导入耳机，或者使用小型壁挂式或天花板式音箱，在某些情况下，没有充分利用数字传输方面取得的进步。但在High-End音响领域，音乐传播的进步并没有被忽视，从而产生了一代先进的数模转换解码器和流媒体播放器。

Le Son

如果密斯·凡德罗（Mies van der Rohe）（译注：最著名的现代主义建筑大师之一，1930~1933年任包豪斯建筑学校最后一任校长，广为流传的"少即是多"即是他的格言）制造音响设备，它将类似于Le Son的LS001。这款瑞士制造的流媒体播放器/数模转换器（DAC）拥有玻璃和铝制外壳，在孪生双单声道模式中包含有4个DAC，以及比特完美（bit-perfect）传输。凭借可选择定制的玻璃和铝装饰，其购买过程就像购买豪华车。与之匹配的Le Son LS002是一款风格相同的放大器，可以组成全面的High-End系统。

MSB Technology

美国公司MSB Technology最近在High-End数字产品领域崛起。所有产品都是在加州硅谷专门制造的，技术诀窍掌握在乔纳森和丹尼尔·古尔曼(Jonathan and Daniel Gullman)俩兄弟手中，他们都是狂热的发烧友，致力于拓展数字的潜力。完美主义的CNC铣削机箱，以及纤薄的工业设计增添了该品牌DAC、播放器和放大器的精致度。

Totaldac

在小规模High-End制造领域，像法国人文森特·布里恩特（Vincent Brient）这样的制造商，他们只可能以这种小规模的方式拥有它。布里恩特坚定地跟随扬·阿拉茨的思想流派，巧妙地精心制作他的DAC和流媒体播放器。由于他的发烧友DNA，低保真度的出现总是让他不安，所以他总是努力去设计最好的。布里恩特以一种灵活的方式同时提供电子管和晶体管数字设计，他的产品因其优秀的保真度和庄重的设计而闻名全球。

6.33

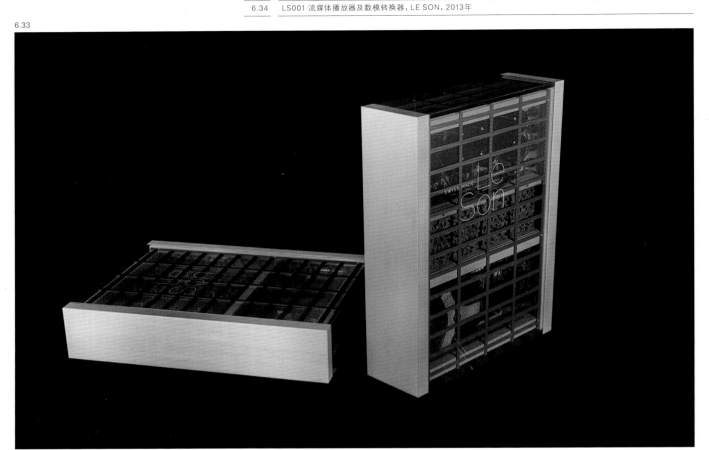

6.34

6.35

6.36

　　在过去的1/4个世纪里，已经发展出一批在High-End制作方面永不止步的精选品牌，它们共同致力于制作世界上最好的音响，尽管它们在技术、风格和方法上各不相同，但每一种声音都吸引了不同的思想倾向和聆听偏好。它们涵盖了从复古精神到NASA级天赋的广泛范围，有些甚至将这两个世界结合起来取得了极好的效果。但无论是何种方式，结果都是最高等级的High-End品牌。

ASR Audio Systeme

　　如果一个组件的外观设计能保持近40年不变，意味着设计师第一次就做对了。德国ASR Audio Systeme的弗里德里希·舍费尔（Friedrich Schaefer）的确就是这种情况。就像英国DNM Design的丹尼斯·莫克罗夫特（Denis Morecroft），舍费尔对塑料优于金属机箱的优点有着坚定的信念。但是，塑料本身并不能解释ASR如此特别的原因，通过把非常高的功率与电池供电相结合，把功放和前置放大器整合到单个机箱，将它们优势融合到单个组件中，舍费尔摒弃了对传统分体式的需求。从1980年以来，这种合并方式，以及统一的亚克力构造风格，赢得了ASR爱好者的高度评价。

MBL

　　对于那些寻求最与众不同的High-End形式的人来说，MBL的101 X-treme音箱是难以战胜的。它的设计基于迷人的全指向平台，惊人的卵形驱动单元装饰着许多垂直排列的元件，施加信号之后，这些元件就会统一地以360°模式辐射声音。由于这个音箱需要巨大的功率，MBL还提供了一个全面、沉重的放大器系列，可以满足101 X-treme的胃口。

Magico

　　Magico的阿隆·沃尔夫（Alon Wolf）无疑是铝制扬声器优点的早期倡导者。他的加利福尼亚公司由精通金属制品和高级音箱单元技术的大师们经营，Magico使用铝代替其他箱体材料。沃尔夫坚持认为，只有铝才具有必要的惰性，使音箱听起来尽可能的线性[④]，但Magico并没有就此止步。对于他的单元，沃尔夫采用太空时代的碳纳米管制作锥盆的壁，并且采用钛制作音圈。由于注重对技术进步的追求，沃尔夫不断地刷新音箱设计的新高度。

6.37~6.38　EMITTER I EXCLUSIVE放大器，ASR AUDIO SYSTEME，2017年

④ "Technology: Enclosures", Magico company website, accessed October 5, 2018.

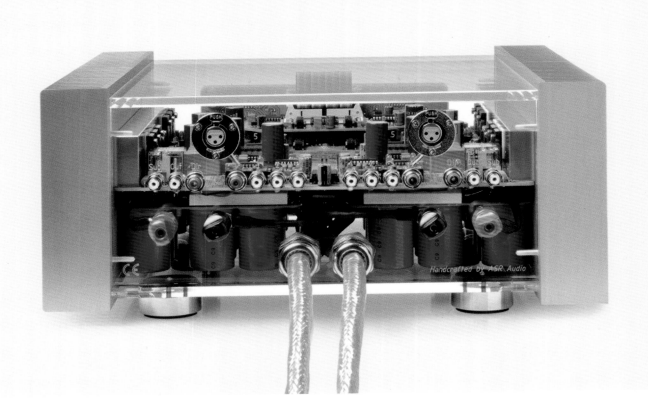

6.39

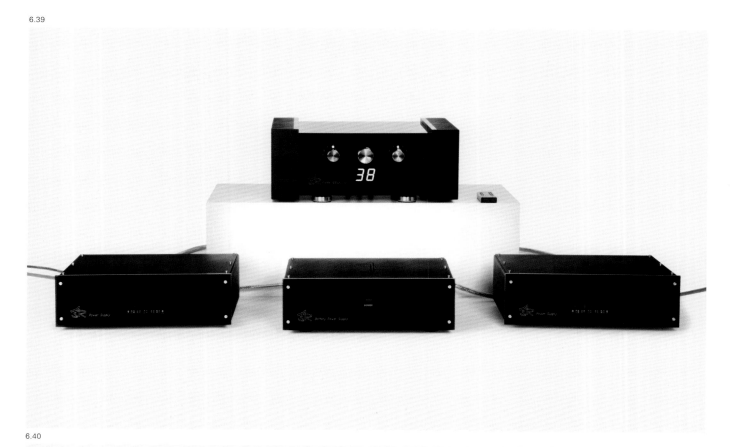

6.40

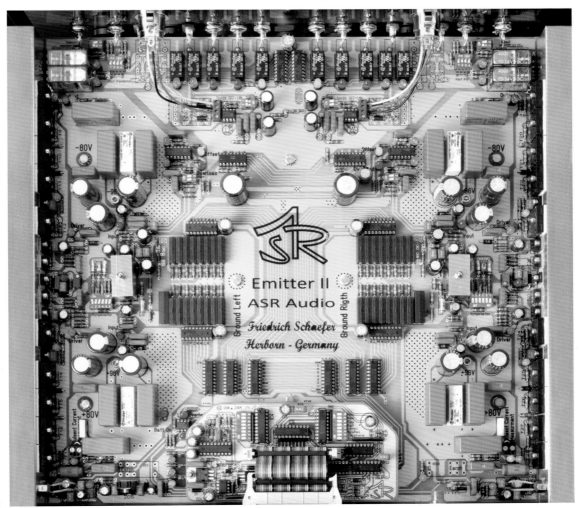

6.41

6.42

6.43

6.44

6.45

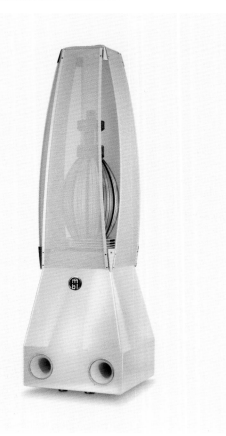

6.47

6.48

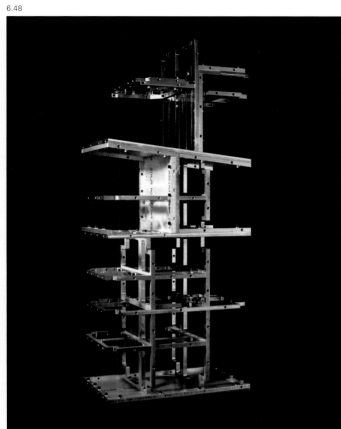

6.49

6.50

Shindo

与他前瞻性的High-End同行形成了鲜明的对比，对于已故的新藤健（Ken Shindo）来说，音响的前景不在于展望未来或发现最新的技术突破。相反，一切都是关于回顾过往以寻找灵感，以及向内心寻找音乐真理。正是这种独特的复古、内省的品质持续定义着Shindo的品牌。

采购、收集和存储古董零件是Shindo能够制造放大器和前置放大器，或者重新诠释老式Garrard唱机和Western Electric号角的先决条件。每个放大器和前置放大器都是由精心策划的全新旧库存（NOS）电子管组合而成，并由不出名但经过精选的电阻器和电容器连接。由于每个放大器和前置放大器型号都装有不同的电子管和零部件，因此它们听起来各不相同。有些机器注重中音，具有很高的声音密度；而另一些机器听起来则更快，更敏捷。根据声音的这种差异和变化，Shindo用不同的葡萄酒名称恰当地命名了他的这些型号。在他于2014年去世之后，Ken Shindo的家人继续保留他的艺术技艺和分离发散的做法。

Thöress

与新藤一样，莱因哈德·托雷斯（Reinhard Thöress）通过手工制作的电子管设计展示了对过往的极大尊重。他的口号——"纯粹的音响设备"⑤——向过去的设计致谢，他从这些设计汲取了他的设计线索。难怪客户会认为他的那些体现古老的Klangfilm和Revox整洁元素的作品是在20世纪50年代制作的。

更重要的是，在外表之下，Thöress保留了旧世界的制作质量，例如精心挑选的NOS管、（公司内部）定制的变压器和点对点搭棚焊接，这些需要大量的时间和对细节的关注。这种对手工艺的尊重激起了当今许多High-End音响设计师的共鸣，但在Thöress，它这样做是为了向过去致敬。

⑤ Home page, Thöress company website, accessed October 5, 2018.

6.51

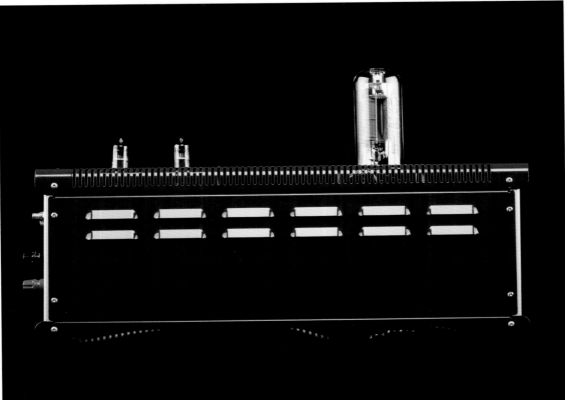

6.52

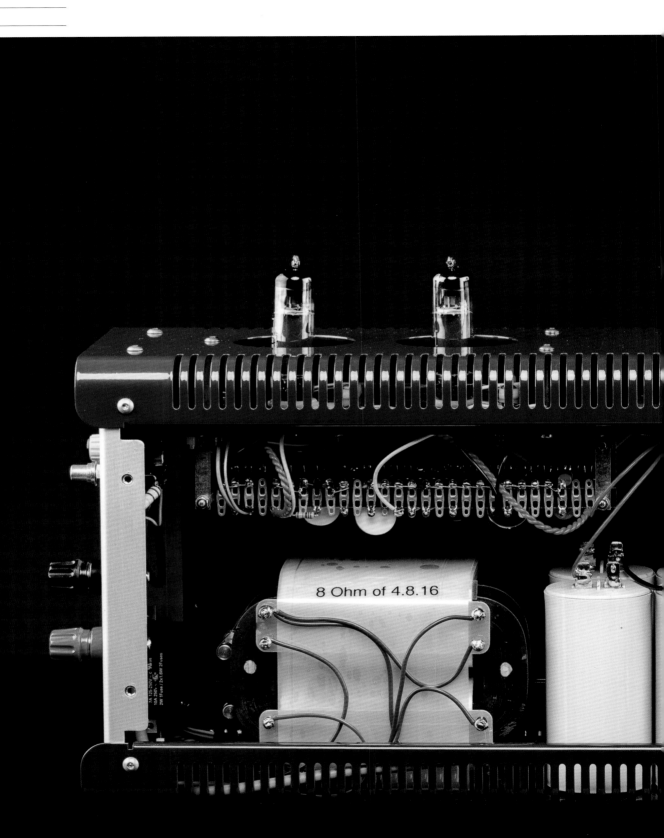

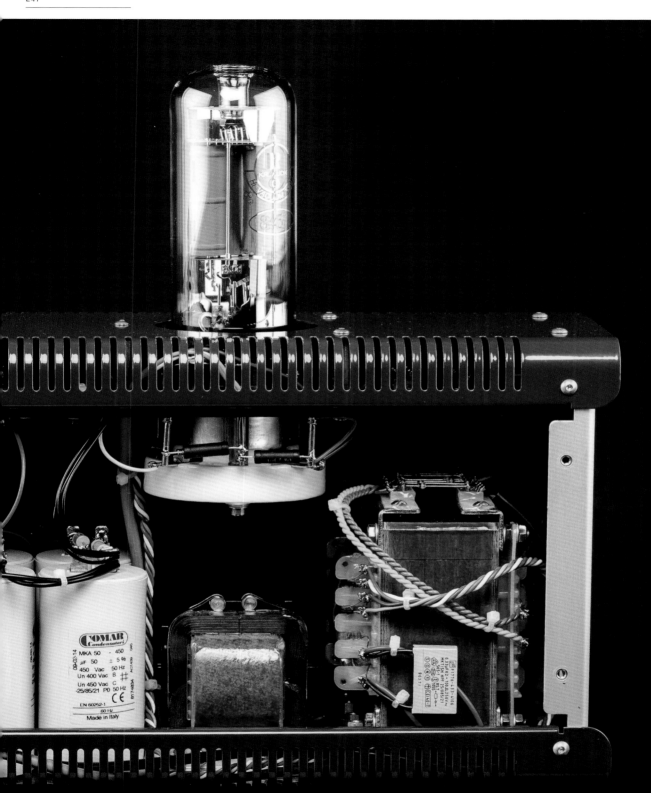

Zellaton

慕尼黑的Zellaton（泽拉通）公司担负着一个重要的责任：保护由三明治泡沫薄膜扬声器发明者埃米尔·波德苏斯（Emil Podszus）于20世纪30年代初建立的品牌。如今，公司的传统由埃米尔的孙子曼努埃尔·波德苏斯（Manuel Podszus）和他的合伙人迈克尔·施瓦布（Michael Schwab）守护。波德苏斯费心地手工制造每个单元——和他祖父的方法没有什么不同——这个过程需要数周甚至数月才能完成。在现代生活中，99％的音箱厂商使用的单元是外购的，而Zellaton在公司内部开发艺术性单元。虽然它是德国最古老的音响品牌之一，Zellaton在High-End方面的用途和范围却令人惊讶地没有缩减，可以肯定地说，如今埃米尔·波德苏斯会为他的孙子感到无比自豪。

Goldmund

瑞士公司Goldmund（高文）并非以停滞不前而闻名，它继续倡导技术创新，同时也在完善其早年建立的老方法。依靠一支令人印象深刻的团队，以长期和潜心的研发为原则，该品牌为最挑剔的发烧友创造了真正High-End的无线解决方案。Goldmund已经采用这种无线技术制作了内置放大器和数字处理的音箱，人们所需要的只是一台用来选择音乐的计算机。使用独有的数学软件，Goldmund已经能够处理音箱设计中的所有参数，无所不包。

但是在它的创新动力中，公司并没有放弃过去。通过应用与20世纪80年代及90年代的Dialogue、Apologue和Epilogue音箱相同的机械原理，Goldmund用新的无线型号的音箱向这些早期设计致敬。自1982年以来，它一直应用物理原理来释放唱机、CD播放器和音箱等产品中的机械能量和振动的积聚。Goldmund认为，这种能力对于减少声染色从而保留更自然的声音是必要的。同样令人印象深刻的是，它继续致力于"立体主义"的盒子结构及美学，这是它在早期的音箱中建立的，但在21世纪10年代的Apologue Anniversary、Samadhi和Prana音箱中仍然再次展现。

Goldmund在无线方面的进步和前瞻性抱负并没有削弱其过去的技术和工程根基，却使该公司成为未来扩展并丰富High-End音响设计的具有远见卓识的重要参与者。

6.54　STATEMENT 音箱，ZELLATON，2015年

6.55　STUDIO REFERENCE ONE音箱，ZELLATON，2013年

6.56

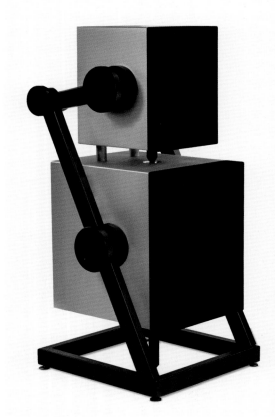

6.57

6.58

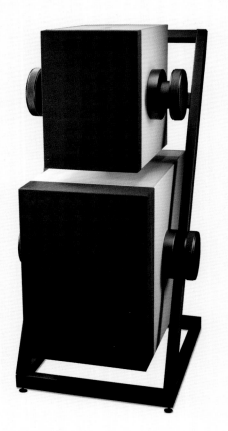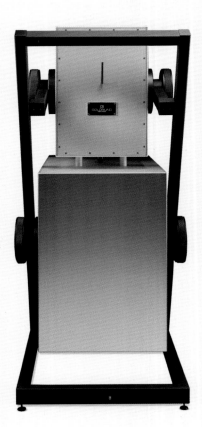

6.59

Symphonic Line

德国公司Symphonic Line的罗尔夫·格曼（Rolf Gemain）是当今High-End音响领域最杰出的设计师之一。自1979年以来，Symphonic Line一直在打造超级制造的经典作品，它认同放大器设计的高电流方法，以及A类电路的优点。作为巨大电源的倡导者，在格曼的前置放大器和CD播放器里密集地安装着在此类设备上所能想象的最大电容器。格曼的Herculean RG6唱机展现了他的模拟成就，是有史以来最华丽的设计之一。

Soulution

虽然瑞士的Soulution（登峰）是High-End音响专业协会相对新进的成员，但它已经证明自己是该国音响制造商精英集团的成员。该公司强调极高带宽、超高功率以及最先进的数模转换，这为它赢得了无数的赞誉。Soulution产品整洁/精致的铝制外壳具有鲜明的特色，保持着始终如一的庄重吸引力。这种远离杂乱和电子干扰的表现暗示着对Soulution的工程师来说更重要的事情是追求极高带宽的音乐机器。因此，Soulution产品正在重新定义High-End的现状。

6.60　701放大器内部，SOULUTION，2013年

6.60

6.61

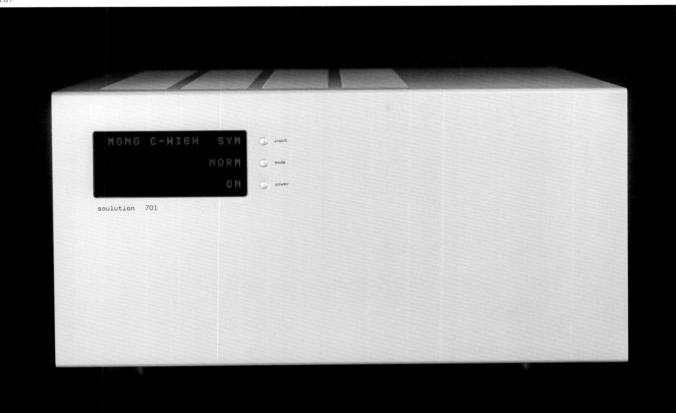

6.62

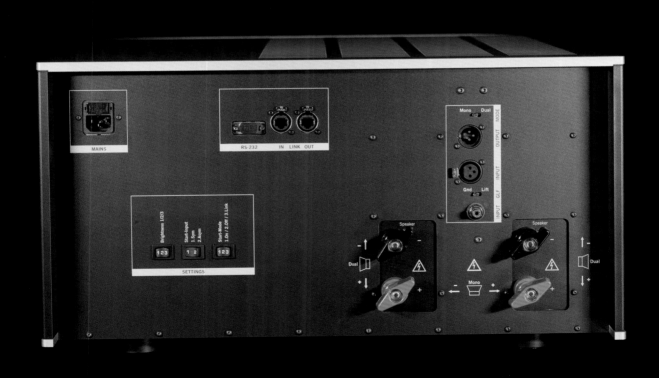

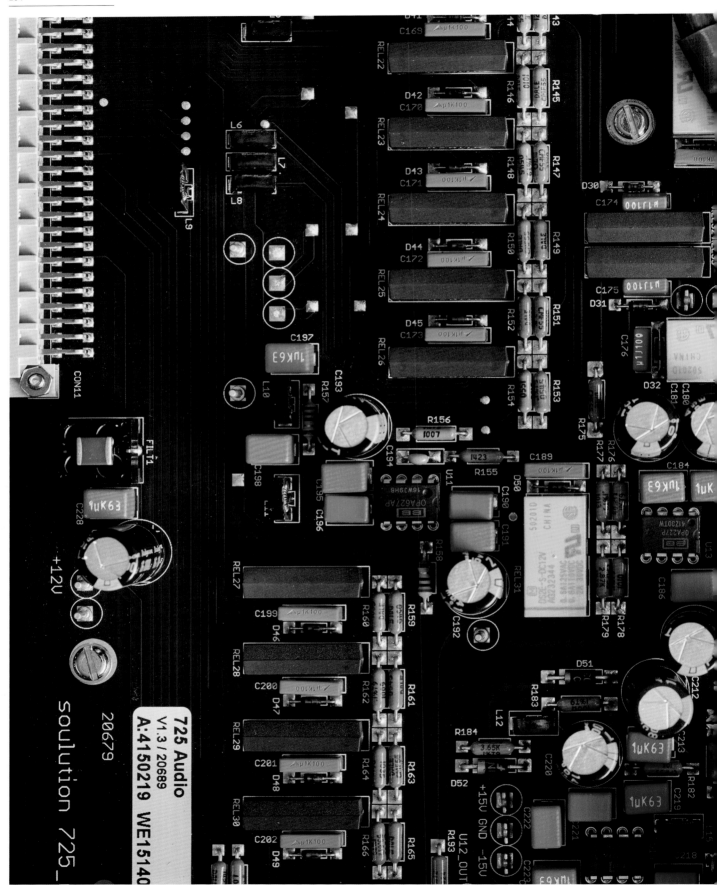

Ensemble

瑞士的Ensemble（瑞宝）是High-End圈子中另一个知名品牌，该公司由乌尔斯·瓦格纳（Urs Wagner）于1986年创立，与其说它与High-End的声音有关，不如说与音乐欣赏的文化有关，以及对重放音乐的最佳设备的尊重。Ensemble很少存在技术吹嘘和营销混乱，由此可以进一步理解其做法，它们的重点始终放在音乐事务上。正如公司网站所述：

> 安装好Ensemble系统之后——"即插即用"——只需要几小节音乐，你就会发现自己处于一个充满音乐的空间中，音乐家以真人大小投射在一个宽度和深度与录制时一样的空间中。与大多数Hi-Fi不同，您可以在房间里走动，没有红点，没有做作。音乐精确地在空间上存在，就像在真正的音乐会或俱乐部中一样，或者简单地说，就像有音乐家在你自己的客厅里演出一样。在家中体验音乐的新维度……您会被表达的规模所吸引，它将是戏剧性地从精致而微妙到壮丽而直接。[6]

在核心意义上，瓦格纳传递的信息真正定义了High-End音响背后的驱动力。

FM Acoustics

接近High-End的顶峰，我们来到最后一站——曼努埃尔·胡贝尔（Manuel Huber）的FM Acoustics。"FM"并非代表无线电广播中的FM，而是代表"For Music（为了音乐）"——也确实如此。该公司的传统至少可以追溯到20世纪70年代的苏黎世，年轻的曼努埃尔·胡贝尔在那里长大，他从小就学习钢琴，后来发现自己被20世纪60年代和70年代蓬勃发展的苏黎世爵士乐俱乐部的丰富文化所吸引。

胡贝尔对音乐世界的接触以及他与遇到的音乐家建立的亲密关系，促使他开始设法改进专门给艺术家使用的放大器。随着人们对"胡贝尔之声"的热情迅速增长，关于他的产品制造和保真度的消息也传开了，导致公司在话筒放大器和录音室标准放大器方面得到进一步发展。

FM在录音室专业领域建立的基础，最终引领胡贝尔向家用High-End音响市场进军。这种独特的早期经验也许可以说明它在将现场声音在家用音响设备上再现方面的市场优势，专业和家用这两个常常分开的世界之间的纽带，使得FM在High-End音响领域占据着一个独特的位置。

用曼努埃尔·胡贝尔的音乐/设备驱动的故事作为结尾，不禁让人回想起构成音响历史大熔炉的无数工程师、发明家和不止不息的工匠们。从克莱门特·阿德到今天的开拓者，高保真的启示仍在继续着，并回归到模拟及其音乐神圣性和连接性的内在价值。数字流媒体也在实现卓越保真度的承诺，并将其提升为高质量的音响系统。High-End音响似乎已经达成了它出发时的目的：保留人类的音乐库，但有一个额外的收获是挖掘了每个艺术家的音乐意图，通过流畅的音乐线条和和声使乐器栩栩如生，并产生一种能激起鸡皮疙瘩并提升情感的声音……所有这些都来自机器。

⑥ "The Ensemble Concept", Ensemble Company website, accessed October 5, 2018.

6.64

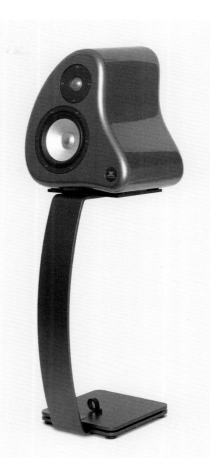

6.65

6.67

6.68

· 序

① 不幸的是，这张图片的许可不再有效，但是读者可以自行搜索。
② Steve Guttenberg，"Quad ESL-57 Electrostatic Speaker"，Sound & Vision, October 1, 2012.

· 引言

① B. C. Forbes，"Why Do So Many Men Never Amount to Anything?" American Magazine, January 1921, 86.
② Tim Crook, Radio Drama: Theory and Practice (London: Routledge, 1999), 16.
③ The Electrical Engineer, August 30, 1889, 161.
④ Electrical Review, July 5, 1890, 4.
⑤ Clement Ader，"Telephonig Transmission of Sound from Theaters"，Google Patents, patented May 9, 1882.
⑥ David Lasserson，"Are Concerts Killing Music?" Guardian, July 19, 2002.
⑦ Malcolm Ross，"Invention Factory"，New Yorker, November 28, 1931.
⑧ Hans Fantel，"Sound; Stokowski's Other Legacy"，New York Times, September 13, 1987.
⑨ William Ander Smith, The Mystery of Leopold Stokowski (Rutherford, NJ: Fairleigh Dickinson University Press, 1990), 175.
⑩ Greg Milner, Perfecting Sound Forever (New York, NY: Farrar, Straus & Giroux, 2009).
⑪ Dr. Emil Podszus，"Sound Reproducing Apparatus"，patented July 26, 1932.

· 第1章　20世纪50年代 工业立体声乌托邦

① Mark Fray，"In the Beginning…The World of Electricity: 1820-1904"，International Electrotechnical Commission, accessed August 2017.

· 第2章　20世纪60年代 立体声变得丰满

① Jamie Bradburn，"Historicist: Listen to Clairtone"，Torontoist, February 15, 2014.
② "Mr. Saul Marantz Discusses his Revolutionary New Model 10-B FM Stereo Tuner"，Audio, December 1964, 45.
③ Peter Sutheim，"World's Most Expensive FM Tuner"，Radio-Electronics, July 1966.
④ Saul Marantz 同上所引。
⑤ Amar Bose 引自Roxana Popescu，"Spotlight: Amar Bose, the Guru of Sound Design"，New York Times, May 11, 2007.
⑥ Brad Lemley，"Discover Dialogue: Amar G. Bose"，Discover, October 1, 2004.
⑦ "The Speakers that Started It All"，Bose company newsletter, accessed November 2017.
⑧ "Bullshit"，Klipsch company website, accessed November 2017.
⑨ Andrew Everard，"Arnold Wolf, 1927-2013: From JBL's Monster Paragon to the Best Selling Speaker of the 1970s"，What Hi-Fi?, April 30, 2013; "Paragon," Lansing Heritage, accessed November 2017.
⑩ Lizzie Bramlett，"California Design 1930-1965"，The Vintage Traveler, May 29, 2012.

· 第3章　20世纪70年代 Hi-End音响诞生

① "Behind the J37 Tape"，Waves, October 15, 2013.
② J. Gordon Holt，"Threshold SA-1 Monoblock Power Amplifier"，Stereophile, October 8, 2006.
③ Jez Ford，"Linn joins Advance Audio"，Sound+Image, July 28, 2011.
④ Richard Hardesty，"Interview with Ivor Tiefenbrun"，Audio Perfectionist Journal 15, 2006.
⑤ Steve Harris，"Linn Isobarik"，Hi-Fi News, November 2011, 132-6.
⑥ Art Dudley，"Listening #97"，Stereophile, January 25, 2011.
⑦ "Rogers LS5/9 Monitors: The Return of the Legendary BBC Speaker"，AudioXpress, October 7, 2014.
⑧ "B&W: The Facts"，Australian HiFi, January 1, 2017.
⑨ Hans Fantel，"Sound; American Speakers—Loud and Clear"，New York

Times, June 2, 1991.

⑩ J. Gordon Holt, "Magnepan Tympani I Loudspeaker", Stereophile, January 9, 2006.

⑪ Arnie Nudell 引自 Robert Harley, "Arnie Nudell: From Infinity to Genesis", Stereophile, August 24, 2015.

· 第4章 20世纪80年代 Hi-End音响全盛

① Rene Chun, "We Pieced Together Steve Jobs' Long-Lost Stereo System," Wired, April 29, 2014.

② J. Gordon Holt, "Acoustat Spectra 3 Loudspeaker", Stereophile, November 9, 2017.

③ J. Gordon Holt, "Sound-Lab A-3 Loudspeaker", Stereophile, September 3, 1995.

④ John Atkinson quoted in "Apogee Scintilla Loudspeakers Reviewed", Home Theater Review, January 11, 1987.

⑤ "About DNM," DMN Design company website, accessed February 5, 2018.

⑥ Channa Vithana, "NAITology", Hi-fi World, October 2007.

⑦ "The Art of Serious Listening", Spectral company website, accessed February 5, 2018.

⑧ Neil Young 引自Lawrence M. Fisher, "Technology; Yes, CD Sound Is 'Perfect.' And Yes, It's Getting Even Better", New York Times, October 25, 1992.

⑨ Edward Rothstein同上所引.

⑩ Harry Pearson 引自Paul Vitello, "Harry Pearson, Founder of Absolute Sound, Dies at 77", New York Times, November 12, 2014.

⑪ J. Gordon Holt, "Sony CDP-101 Compact Disc Player", Stereophile, January 23, 1995.

· 第5章 20世纪90年代 电子管归来

① Masahiro Shibazaki 引自Jonathan Scull, "Hiroyasu Kondo: Audio Notes", Stereophile, July 8, 2007.

② Don Garber 引自Jeff Day, "Fi 2A3 Monos", sixmoons, July 2004.

③ "The Inventor of the Spherical Horns: Acapella Audio Arts", Acapella company website, accessed December 5, 2018.

④ Scott Wilkinson, "Acapella Sph ron Excalibur Speaker", Sound & Vision, May 3, 2010.

⑤ "The Conrad-Johnson Story", Conrad-Johnson company website, accessed December 5, 2018.

⑥ Bill Conrad 引自Myles B. Astor, "A Look Back at Bill Conrad and Lew Johnson's 40 Years in High-End Audio, Part 2: 'It Just Sounds Right", Positive Feedback 94, December 17, 2017.

⑦ Fred Kaplan, "Sound Man", Boston Globe, March 26, 2000.

⑧ Joanthan Scull, "Lamm Industries ML1 Monoblock Power Amplifier", Stereophile, May 20, 2000.

⑨ Wes Phillips, "Wilson Audio WATT/Puppy System 5 Loudspeaker", Stereophile, November 23, 1995.

⑩ Dick Olsher, "Pawel/Ensemble PA-1 & Reference Loudspeakers", Stereophile, February 24, 2012.

⑪ Martin Colloms, "Sonus Faber Extrema Loudspeaker", Stereophile, June 7, 1995.

⑫ "Jacob Jensen, Product Designer, 1926-2015", Financial Times, May 22, 2015.

· 第6章 21世纪00年代 后数字模拟复兴

① Jacques Attali, Noise: The Political Economy of Music (Minneapolis: University of Minnesota Press, 1985).

② "About 47 Laboratory", Sakura Systems company website, accessed October 5, 2018.

③ Home page, Brinkman company website, accessed October 5, 2018.

④ "Technology: Enclosures", Magico company website, accessed October 5, 2018.

⑤ Home page, Th ress company website, accessed October 5, 2018.

⑥ "The Ensemble Concept", Ensemble Company website, accessed October 5, 2018.

图片提供

270

Front Cover: Edgars Lielzeltins

1stdibs: 50, 58, 83 • 2ndhandhifi UK: 167 (t) • 47 Labs: 217 • Acapella Audio Arts: 194 – 5 • Accuphase Laboratory, Inc.: 170 – 1 • Acoustat: 129 • Courtesy of the Advertising Archives: 52 (l), 54 • AF Fotografie: 53 • Apogee Acoustics: 138 • Apple: 216 • Archival Playboy Magazine material; copyright © 1969 by Playboy; used with permission, all rights reserved: 52 (bl) • Artisan Fidelity: 218 – 19 • ASR Audio Systeme: 237 – 9 • Auction Team Breker: 15 (t) • Audio Consulting: 226 – 7 • Audio Research: 100 (b), 101, 102 • Avantgarde Acoustic: 189 – 93 • Bose: 71 • Gregory Botha: 89 (b) • Bowers & Wilkins: 115 – 17 • Bowers & Wilkins, courtesy of Lauritz: 118 – 19 • Bridgeman Images/ Paul Tomlins: 15 (b) • Brinkmann Audio GmbH: 220 • Cello Technologies Seattle Corp: 160 – 1 • cjm–audio: 159 • clearaudio electronic GmbH: 214, 221 • Collection Historique Orange/DCGI/ Photograph Bruno Feuillet: 10 (r) • con–rad–johnson design, Inc.: 196 – 7 • © Daily Herald Archive/National Museum of Science & Media/Science & Society Picture Library: 12 (b) • Decophobia: 21 • Courtesy of the Department of Special Collections, Stanford University: 28 – 30 • Design Exchange, Toronto: 59, 60 (t) • Courtesy of DNM: 146 (t) • DNM, courtsey of 2ndhandhifi UK: 146 (b) • Courtesy of Dagmar Dolby, Archives Center, Kenneth E. Behring Center, National Museum of American History, Smithsonian Institution: 87 • John Dominis/Time & Life Pictures/Getty Images: 68 (b) • Parry Doogan: 175 • © The Estate of Edward Steichen/ARS, NY and DACS, London 2019: 12 (tl) • Courtesy of emporiumhifi: 41 (t) • EMT Tontechnik: 228 • Esther Engelen/ vintageaudiorepair.nl: 90 • Ensemble AG: 206, 257 (t) • Alain Erné/radiophonoma–nia: 14 (bl), 16 (t) • Jeremy J. Fair: 72 – 73 • FM Acoustics Ltd.: 258 – 9 • Courtesy of Nara Garber: 186 – 7 • Oliver Garros: 95 • Getty Images/Bettmann: 9 (br), 13 (l), 14 (tr) • Getty Images/ Corbis/Historical Picture Archive: 10 (l) • Getty Images/Dea/G. Cigolini: 14 (br)

• Getty Images/SSPL: 14 (tr), 124 – 5 • Goldmund: 126, 153, 155 – 7, 250 – 1 • Goldmund, courtesy of Highendaudio.nl: 154 • Granger Historical Picture Archive/ Alamy Stock Photo: 13 (r) • gzhifi.com: 167 (b) • Courtesy of Harman International Industries: 82 (t), 99, 100 (t), 122, 143 • Harman International Industries, cour–tesy of 2ndhandhifi: 123 • Courtesy of HiFiDo: 112 • Highendaudio.nl: 183 • HighEndAudioAuctions: 62 (b), 141 • HOLBO s.p./Nives Brelih: 224 • Josef Huber/Works of Design: 22, 37 (t), 78 – 80 • INTERFOTO/Alamy Stock Photo: 84 • 97 (t), 163 • iStock/Getty Images/221A: 9 (tr) • Courtesy of J.P. Hans van Vliet: 35 • © J. Paul Getty Trust. Getty Research Institute, Los Angeles (2004.R.10): 24 • © Jacob Jensen Design A/S: 212 – 13 • Jadis: 176 – 9 • Jan Allaerts: 232 (tl) • Joe Keilch: 121 • Klipsch Museum: 74 – 76 • Koetsu: 229 • Kondo Audio Note: 182 • Krell Industries, LLC: 142 • Lamm Industries, Inc.: 199 • Courtesy of Lauritz: 41 (b), 47 • Marty Lederhandler/ AP/Shutterstock: 66 – 67 • Le Son: 234 (t) • Le Son/Toshiaki Tase: 234 (b) • Library of Congress Prints and Photographs Division Washington, D.C.: 9 (tl) • Edgars Lielzeltins: 97 (b) • Linn Products: 107 – 9, 147 (t) • Magico: 242 – 3 • Magnepan: 120 • Marohei Cables: 181 • MartinLogan, Ltd.: 132 – 3 • Matthew Kline, Echo Audio: 44 (t) • Max Aeschlimann, Solothurn, Switzerland: 38 • MBL Akustikgeräte GmbH & Co. KG: 240 – 1 • Courtesy of McIntosh Laboratory, Inc.: 68 (t), 69 (t) • Miyajima–Laboratory: 231 (b) • Jeff Morgan 05/ Alamy Stock Photo: 164 • Motoring Picture Library/Alamy Stock Photo: 64 (t) • MSB: 235 (t) • Museum of Magnetic Sound Recording: 92 • Nadeau's Auction Gallery: 69 (br) • Naim Audio Ltd.: 110, 113, 148 – 51 • Nakamichi Corp., Ltd.: 89 (t), 91 (t, m) • Nakamichi Corp., Ltd., courtesy of Lauritz: 91 (b) • Nasjonalmuseet/Frode Larsen: 93 (b) • NearTheCoast.com/ Alamy Stock Photo: 147 (b) • Reused with permission of Nokia Corporation and AT&T Archives: 12 (tr) • Courtesy of artist James Nizam and REITER Galerie:

130 – 1 • Ortofon: 232 (tr, b) • Pass Laboratories: 103 – 5 • Photograph courtesy of Kip Peterson via Graz at Apogee Acoustics (2019): 139 • Philips Company Archives: 55, 165 • Quad/ Courtesy of Hashstar: 48 – 49 • Courtesy of the RadiolaGuy: 44 (m, b) • rockheim/Flickr: 94 • Photograph Everett Roseborough, courtesy of Michael Chojnacki: 60 (b) • Tom Santosusso: 185 • Courtesy of Gideon Schwartz: 184, 207, 257 (b) • SME: 223 • Matt Smith: 37 (b) • Sonus faber: 208 • soulution/Spemot AG: 252 – 5 • Courtesy of Sound Lab, Inc.: 135 • Sound United UK: 45, 62 (t) • STAX Ltd., Japan. All rights: 136, 137 (t, m), 168 – 9 • STAX Ltd., Japan. All rights, courtesy of Lauritz: 137 (b) • Hugh Stegman: 82 (b) • Struer Museum: 16 (b), 17, 209 – 11 • Suono e Comunicazione s.r.l./ Klimo: 172, 200 – 1 • Techno Empire: 31 • Telefunken: 174 • Thales: 225 • Thöress: 245 – 6 • Threshold: 144 • Topfoto/ Roger–Viollet: 10 (m) • Totaldac: 235 (b) • Trinity Mirror/Mirrorpix/Alamy Stock Photo: 64 (b) • Courtesy of Rusty Turner: 41 (m) • United States Patent Office: 9 (bl) • University of Waterloo Library • Special Collections & Archives • Electrohome fonds: 56 – 57 • Verlag Joachim Bung (joachim–bung.de): 39 • Webb's: 32 • Kevin Whitlock: 96 • Wilson Audio: 203 – 5 • Photograph by Francis Wolff © Mosaic Images LLC: 34 • Courtesy of Wright: 25 • ZELLATON GmbH: 18, 19, 249 • Fernando Zorrilla, SkyFi Audio LLC: 69 (bl)

Every reasonable effort has been made to acknowledge the ownership of copyright for photographs included in this volume. Any errors that may have occurred are inadvertent, and will be corrected in subsequent editions pro–vided notification is sent in writing to the publisher.

致谢

首先，我要感谢我的妻子Alissa和三个年幼的孩子Zoey、Violet和Henry。尽管本书的撰写工作是值得的，也是有益的，但是它经常使我的注意力从你们身上移开——不过从来不会缺少你们的耐心、支持和鼓励。还要感谢我亲爱的父母亲，他们在我15岁时给我买了第一套（中档的）立体声音响，明智地给了我很多渴望的东西。此外，我要感谢我的朋友和导师迈克尔·马哈拉姆（Michael Maharam）：一个真正高尚的人和长岛最优秀的后代；弗吉尼亚·麦克劳德（Virginia McLeod）和埃米莉亚·特拉尼（Emilia Terragni）是我勇敢的Phaidon委托编辑，他们有激情、洞察力和活力来承担一个陌生和不相关的主题；当然，还有才华横溢的罗宾·泰勒（Robyn Taylor），Phaidon的项目编辑，他和我一起待在最终出品的战壕里。最后，我不能把我的朋友罗恩·米多尔（Ron Meador）和纳尔逊·布里尔（Nelson Brill）排除在外，他们是我所知道的最好的耳朵，但更重要的是，我感谢他们不断向我介绍新音乐，毕竟，这就是High-End音响如此有益的原因。

出版商要特别感谢Jamie Ambrose、Emma Barton、Sarah Bell、Robert Davies、Abby Draycott和Sarah Smithies对这本书的贡献，以及Mark Lott、Stuart Knapman和Mark Robson在Altaimage的不可思议的出版前工作。

作者简介

吉迪恩·施瓦茨（Gideon Schwartz）出生并生长于纽约，曾经是一名律师，2009年从法律界退休，以从事他热情追求最高保真音响设备的工作。为此，施瓦茨于2010年创立了他的Audioarts公司，销售超级High-End音响。他注重"音乐真理"的传递，提倡音响设备应当为用户提供情感和天籁体验，应同时对高质量的工业设计和制造给予同等尊重。他在将音乐艺术与High-End声音重放相结合的过程中，努力保留艺术家的精神和意图。

图书在版编目（ＣＩＰ）数据

Hi-Fi High-End音响设计史 ／（美）吉迪恩·施瓦茨
(Gideon Schwartz) 著；王经源著. -- 北京：人民邮
电出版社，2022.8
 ISBN 978-7-115-59214-9

 Ⅰ. ①H… Ⅱ. ①吉… ②王… Ⅲ. ①音响设计一技术
史一世界 Ⅳ. ①TN912.27-091

 中国版本图书馆CIP数据核字(2022)第072842号

版权声明

内 容 提 要

 这是一本由吉迪恩·施瓦茨(Gideon Schwartz) 编写的关于 High-End 音响设计史的图书。

 本书首先介绍了立体声的诞生、录音及重放技术的发明与改进，然后从 20 世纪 50 年代开始，分 6 章分别介绍 High-End 音响设计史中的重要品牌与代表产品——即 20 世纪 50 年代立体声的诞生与兴起、60 年代立体声音响的壮大与发展、70 年代 High-End 音响的萌芽、80 年代 High-End 音响产品的快速发展、90 年代电子管的回归、新世纪后数字模拟复兴时代的开始。作者精心选择每个时期有代表性的品牌和产品进行介绍，并配有大量精美的史料图片，在讲述这些品牌的发展、产品的经历与故事、表达对各个时期 High-End 经典设计与代表产品的敬意的同时，也会给读者带来美妙的视觉享受。

 本书适合从事产品设计的设计师、古董音响收藏家和音响发烧友阅读、收藏。

 ◆ 著   ［美］吉迪恩·施瓦茨（Gideon Schwartz）
    译   王经源
    责任编辑   黄汉兵
    责任印制   马振武
 ◆ 人民邮电出版社出版发行   北京市丰台区成寿寺路 11 号
    邮编 100164   电子邮件 315@ptpress.com.cn
    网址 https://www.ptpress.com.cn
    北京瑞禾彩色印刷有限公司印刷
 ◆ 开本：889×1194 1/16
    印张：17   2022 年 8 月第 1 版
    字数：450 千字   2022 年 8 月北京第 1 次印刷
          著作权合同登记号   图字：01-2021-7028 号

          定价：299.00 元
 读者服务热线：(010)81055493   印装质量热线：(010)81055316
          反盗版热线：(010)81055315
    广告经营许可证：京东市监广登字 20170147 号